로보 박사와
함께 만드는
인공지능
휴머노이드 로봇

로봇 친구, 앨리스

한재권 지음

㈜자음과모음

저는 약 이십 년 동안 휴머노이드 로봇을 만들고 있습니다. 운 좋게도 로봇 기술이 크게 도약하는 역사적인 현장에서 관람자가 아닌 참여자가 될 기회도 많았습니다. 제가 만든 로봇으로 세계적인 로봇 대회에 참가하며 행복한 추억도 참 많았습니다. 동시에 아쉬운 실패의 기억도 함께 쌓였습니다. 그렇게 평생 로봇을 만드는 엔지니어로 살 것 같았는데, 마음속 한편에서는 제 경험을 다른 사람들에게 알려 주고 싶다는 생각이 커지고 있었습니다.

저는 현재 한양대학교 ERICA 로봇공학과의 교수가 되어 학생들에게 로봇 만드는 방법을 가르치고 있습니다. 저보다 뛰어난 학생들이 놀라운 성과를 보여 줄 때마다 가슴이 따뜻해지면서 삶의 보람을 느낍니다. 이 뛰어난 학생들이 앞으로 세상을 얼마나 변하게 할지 상상하는 것만으로도 행복감을 느낍니다.

로봇공학과 교수가 되고 나니 대학생이 아닌 일반인, 특히 중고등학생을 대상으로 강연해 달라는 요청이 늘었습니다. 강의실이 아닌 행사장에서 학생과 학부모를 만나는 것은 완전히 새로운 경험이었습니다. 평생 엔지니어들과 함께 대화하며 살아온 저에게는 전문 용어가 일상에서 쓰는 언어입니다. 엔지니어끼리 전문 용어로 얘기하면 빠르고 정확하게 소통할 수 있기 때문에 평상시 의사소통에 큰 어려움을 느끼지 않았습니다.

그런데 전문 용어가 아직 익숙하지 않은 중고등학생과 학부모에게 휴머노이드 로봇을 설명하는 일은 정말 큰 도전이었습니다. 그리고 더 마음이 쓰였던 건 로봇을 알고 싶고, 하나라도 더 듣고 싶다고 말하는 그 눈망울이었습니다. 배움에 대한 열망을 가득 채워 주고 싶은데, 짧은 강연 시간 동안 지식을 어떻게 잘 전달해야 할지 몰라 당황스러웠습니다. 앞날이 창창한 학생들에게 조금이라도 쉽고, 정확하고, 빠르고, 재미있게 로봇에 관해 알려 줄 방법이 뭐가 있을지 고민했습니다.

사실 저처럼 전형적인 엔지니어가 대중 서적을 쓴다는 것은 참쉽지 않은 일입니다. 고등학교를 졸업하면서 가장 홀가분했던 것중 하나가 이제 더 이상 국어와 영어 같은 '어'자 들어간 과목을 공부하지 않아도 된다는 것이었으니까요. 그만큼 저는 말과 글을 잘 다루지 못하는 사람입니다. 하지만 로봇을 알고 싶어 하는 수많은 사람에게 지식을 전달하고 싶었습니다. 그러려면 책만큼 효과적이고 좋은 수단이 없다는 것도 잘 알고 있었습니다.

결국 학생과 학부모가 쉽고 재밌게 읽을 수 있는 책을 만들어 보자고 결심했습니다. 차라리 새로운 개념의 로봇을 만들라고 하면 기꺼이 뛰어들었을 텐데 책을 만드는 것은 자신과의 긴 싸움이었습니다. 한 번 쓴 문장을 수백 번 지우고 다시 썼지만, 마음에 드는 문장이 나오지 않았습니다. '이럴 줄 알았으면 고등학교 다닐 때 문학 선생님 말씀 좀 잘 들을걸'이라는 후회를 수십 번은 한 것 같습니다.

그래도 한 잡지사와 일 년 동안 휴머노이드 로봇에 대해 연재했던 글이 있어서 도움이 많이 되었습니다. 매달 마감 일을 맞추기 위해 급하게 썼던 글을 다듬고, 순서를 다시 잡고, 빠진 내용을 채우고, 중언부언한 내용을 정리했습니다. 그리고 무엇보다 전체를 다시 쓴다는 생각으로 학생의 눈높이에 맞게 고쳐 나갔습니다.

연구 중 시간이 날 때마다 틈틈이 글을 쓴 지 어느덧 이 년이 지났습니다. 그리고 이렇게 로봇을 만드는 과정 얘기가 세상에 나올 수 있게 되었습니다. 이 년간의 긴 작업이었지만 이 책을 읽고 누군가는 로봇에 대한 꿈을 구체적으로 그릴 수 있을 것이라는 생각에 끝까지 쓸 수 있었습니다.

이 책에는 제가 연구한 로봇 중 가장 고난이도의 기술이 들어간 '앨리스'라는 휴머노이드 로봇을 만드는 과정이 고스란히 담겨 있습니다. 책을 읽는 독자가 연구를 같이하는 동료 엔지니어라고 상상하며 함께 앨리스를 만들어 가려고 했습니다. 그래서 로봇을 만드는 수많은 기술을 설명하며 때로는 독자에게 아이디어를 구하기도 했습니다. 로봇을 설계하는 과정을 처음부터 끝까지 차근차근 함께하는 것이 로봇을 쉽고 자연스럽게 알 수 있는 가장 좋은 방법이라고 생각했습니다.

참고로 로봇 앨리스를 소개하자면, 앨리스는 세계 최고의 로봇 대회 중 하나로 꼽히는 로보컵(RoboCup)에 2018년부터 대한민국을 대표해 출전하고 있는 로봇입니다. 로보컵은 2050년까지 로봇이 월드컵 우승팀을 이기는 것을 목표로 창설된 대회인데요. 이 목표를 달성하고자 매년 세계 최고의 로봇 연구실에서 최고의 로봇을 출전시켜서 명예를 걸고 축구 시합을 합니다. 물론 사람은 경기에 개입해서는 안 되고, 로봇이 스스로 축구를 해야 하는 인공 지능 대회입니다. 로보컵은 월드컵에서 우승한 최고의 축구팀을 이기기 위해서 대회 규칙을 매년 업그레이드하고 있습니다. 그래서 이 대회에서 우승하면 자타 공인 세계 최고의 로봇으로 인정받을 수 있습니다.

앨리스는 2018년 로보컵에 첫 출전한 뒤 2022년에 준우승을 차지한 아주 뛰어난 로봇입니다. 결승전에서 독일의 님브로라는 로봇에게 패했지만, 전 세계에서 수년간 경쟁자가 없던 독일팀을 상대로 골을 넣는 등 흥미진진한 경기를 펼쳤습니다. 내년에 로보컵에서 우승하기 위해 앨리스를 만드는 우리 한양대학교 히어로즈 팀은 지금도 열심히 연구 중입니다.

이 책을 통해서 독자와 함께 앨리스를 만드는 과정을 처음부터 끝까지 함께해 보려고 합니다. 로봇을 만들려면 복잡하고 어려운 수학을 잘해야 하지 않냐고 많이들 걱정합니다. 하지만 어려울 거라고 처음부터 너무 걱정하지 않으면 좋겠습니다. 모든 사람이 쉽게 따라갈 수 있도록 정성을 다해 쉽고 정확하게 글을 썼습니다. 분명 재미있게 앨리스를 같이 만들어 갈 수 있을 테니 즐겁게 읽어 주었으면 합니다.

비록 이 책은 로봇을 만드는 기술에 대한 내용이지만, 로봇에 관한 여러 관점의 이야기를 충실히 담으려고 노력했습니다. 부록에는 평소 강연 때 많이 나오는 질문 열 가지를 뽑아 그에 대한 저의 생각을 쓰기도 했습니다. 부디 이 책이 여러분의 호기심을 채우고, 로봇에 대한 꿈을 실현하는 데 도움이 되기를 바랍니다.

2022년 12월 31일
한재권 씀

차
례

들어가는 글 5

1장

친구 로봇,
네 이름은
앨리스야!

로봇을 만들어 보자

로봇을 만들려면 가장 먼저 어떤 것부터 시작해야 할까요? 로봇을 만들어 본 적이 없는 사람들은 보통 어느 부위를 어떻게 만들지를 먼저 떠올립니다. '머리, 몸통, 팔, 다리 중에 어디서부터 시작하지?'라고 고민하죠. 저는 조금 다르게 시작해 보려고 합니다.

첫 번째, 로봇이 움직이는 상황을 머릿속에 그려 봅니다. 특히 로봇이 움직이는 주변 환경이 어떻게 생겼는지 상상합니다. 내가 만들려고 하는 로봇이 집 안에서 사용되는지, 공장 같은 산업 현장에서 쓰이는지, 아니면 어느 곳에서든 잘 움직여야 하는지 등 주변 환경을 먼저 떠올립니다.

두 번째, 상상한 환경 속에서 로봇이 어떤 일을 하는지, 누가 주로 이 로봇을 사용하는지, 로봇이 활동하면서 사고가 생길 만한 상황은 없는지 등 로봇이 움직이는 장면을 떠올립니다. 마치 영화에서 로봇이 움직이는 장면을 보는 것처럼 아주 구체적으로 이야기를 만들며 상상의 나래를 펼칩니다.

그다음으로 로봇의 형태를 머릿속에서 이리저리 바꿔가며 움직이는 로봇의 외형을 상상합니다. 그렇게 상상하다 보면 하루가 다 지나가 버릴 때도 많습니다. 언제 시간이 흘렀는지 모를 정도로 상상 속에 푹 빠져 있다가 나와 봅시다.

같이 상상하는 아이디어 회의

하루 종일 혼자 한 상상은 마음이 맞는 사람과 같이 얘기할 때 훨씬 더 커집니다. 내가 생각하지 못한 부분을 다른 사람이 채워 주고, 다른 사람이 보지 못한 부분을 내가 채워 줄 수도 있습니다. 그런데 이때 중요한 것이 있는데요. 다른 사람의 상상에 대해 부정적인 비판을 하지 않아야 합니다. 부정적인 비판은 상상의 크기를 작아지게 만듭니다. 다른 사람의 상상이 비록 현실적으로 가능성이 없어 보이고, 무모해 보여도 '그게 가능하겠어?', '그건 이런 저런 이유로 불가능해!'라는 말은 하지 말아 주세요. 대신 상대방의 무모한 상상 속에서 가능한 부분과 좋은 부분을 발견하려고 노력해 보세요. 그리고 자신의 생각과 결합해서 더 나은 제3의 새로운 상상으로 만들어 보세요. 그렇게 나온 제3의 새로운 상상을 기발한 아이디어라고 부릅니다.

저는 로봇을 만들 때 로봇이 활약하는 상상을 하고, 여러 사람과 함께 그 상상을 하나로 모으는 아이디어 회의를 합니다. 제가

함께 상상하는 아이디어 회의

지금까지 만든 로봇의 종류를 세어 보니 이십 가지 종류가 넘는데요. 이 로봇들의 시작은 언제나 아이디어 회의였습니다. 그래서 우리가 같이 만들 휴머노이드 로봇 앨리스도 아이디어 회의로 시작해 보려고 합니다.

친한 친구 같은 로봇을 만들고 싶어요

우리의 로봇 개발 프로젝트의 목표는 인간의 친한 친구가 될 수 있는 로봇 만들기입니다. 요즘 일인 가정이 늘어나고 있다 보니, 마음속에 있는 말을 편하게 나눌 수 있는 친구를 만날 기회가 줄고 있습니다. 외로움을 느끼는 사람도 많아지고 있습니다. 더군다나 2020년에 들어서면서 인류에게 닥친 코로나 19 감염증 사태 또한 사람 사이의 거리를 멀어지게 했습니다.

그래서 우리는 사람의 친한 친구가 되어 줄 수 있는 로봇을 만들어 보려고 합니다. 외로울 때 힘이 되어 주고, 기쁠 때 같이 기쁨을 나누고, 힘들 때 위로가 되어 주는 로봇이 있다면 정말 좋지 않을까요? 로봇의 형태는 우리와 닮은 휴머노이드 로봇으로 만들어서 운동도 같이 하고, 식탁에 앉아 수다도 떨 수 있는, 즉 우리와 많은 행동을 같이할 수 있도록 만들려고 합니다.

같이 수다 떨고, 운동하는 로봇을 만드는 게 가능할까요? 물론 지금의 과학 기술로는 쉽지 않은 도전입니다. 그렇다고 언제까지나 불가능한 얘기는 아니겠지요. 우리가 힘을 모아 진심을 다해 로봇을 개발한다면 언젠가는 가능한 얘기가 될 것입니다. 시작이 반이라고 했듯 지금 가진 기술만으로도 충분히 많은 것을 해낼 수 있습니다. 친구가 되는 로봇을 만들겠다는 목표를 향해 우리 같이 힘을 모아 로봇을 만들어 가 보도록 합시다.

친구 로봇이 있다면 무엇을 같이 하고 싶나요?

로봇 만들기의 시작은 상상하기라고 했는데요. 그렇다면 친구 로봇에 대해 상상해 볼까요? 친한 친구가 생긴다면, 혹은 지금 마음이 맞는 친한 친구가 있다면 그 친구와 무엇을 하고 싶은가요?

먼저 내가 그 친구와 어디에 있을지 상상해 볼까요? 로봇이 사용되는 환경을 생각해 봅시다. 자, 우리 친구 로봇이 놓인 환경은 어떤 곳일까요? 아무래도 친구 로봇은 우리와 같이 살아야 하니, 우리가 지금 살고 있는 공간이겠지요? 그럼 주위 환경들을 하나하나 떠올려 봅시다. 집, 학교, 길거리, 상점, 놀이공원, 운동장, 음식점…… 이런 장소를 자유롭게 돌아다닐 수 있어야 할 것 같네요. 이곳에는 계단도 있고, 길도 울퉁불퉁할 것 같네요. 보도블록이 깨진 곳도 있고, 공사 중인 곳이 있을지도 모르겠어요. 문을 열고 건물에 들어가거나 문밖으로 나와야 할 일도 많겠지요.

문에 달린 문손잡이는 어떻게 생겼을까요? 문손잡이의 모양은 문마다 다를 텐데요. 우리의 로봇 친구는 다양한 종류의 문손잡이도 척척 알아보고, 꽉 잡은 뒤 여닫을 수 있어야겠네요. 집 안에서 움직이는 것도 쉽지 않아 보입니다. 식탁과 의자를 비롯한 각종 가구를 잘 피해 다니고 이용할 줄 알아야 합니다. 신발을 신고 벗는 것도 쉬운 일은 아닐 것 같아요. 제일 어려운 일은 우리와 함께 뛰어노는 것 아닐까요? 같이 축구하고, 캐치볼이나 배드민턴을 하고 놀면 얼마나 재미있을까요?

그런데 이런 상상 속의 일 하나하나가 로봇에게는 정말 힘든 임무입니다. 신체가 건강한 사람이라면 쉽게 할 수 있는 일을 로봇은 힘들어 합니다. 오히려 사람이 하기 어려운 일을 더 쉽게 합니다. 예를 들어, 공장에서 자동차를 조립하거나 아주 정밀한 반도체 칩을 만드는 일은 로봇에게는 오히려 더 쉽습니다. 반대로 사람이 쉽다고 생각하는 일일수록 로봇에게는 더 어려운 일입니다. 이렇게 사람과 로봇이 서로 쉽게 하는 일이 정반대인 현상을 '모라벡의 역설'이라고 합니다. 그래서 로봇이 우리 주변에 흔하게 보이지 않고, 공장에서 많이 사용되고 있는지도 모르겠습니다.

서로 잘하는 일이 다른 로봇과 인간

그래서 우리가 만들려는 친구 로봇은 욕심부리지 않고 현재 잘 할 수 있는 기능 몇 개만 골라 넣으려고 합니다. 가장 먼저 운동장에서 축구하며 같이 뛰어놀 수 있으면 좋겠습니다. 여러분은 지금 학교와 학원에서 의자에 앉아 있는 시간이 너무 많지 않나요? 한창 클 나이에는 밖에서 뛰어놀아야 건강하게 자랄 수 있는데 우리는 너무 가만히 앉아만 있는 것 같아요. 로봇이 축구를 할 수 있다면 우리도 로봇과 함께 운동장에서 신나게 뛰어놀 수 있지 않을까요? 축구할 수 있는 로봇 만들기를 제일의 목표로 삼겠습니다.

그리고 두 번째는 명색이 친구 로봇인데 서로 수다도 떨고 고민 상담도 해야 하지 않을까요? 그래서 감성 대화 기능을 넣을까 합니다. 사실 이 두 가지 기능만 충실히 넣어도 세계에서 손꼽히는 잘 만든 로봇입니다.

친구 로봇의 스펙을 잡아 봅시다

함께 축구하고 수다 떨 수 있는 로봇이라는 구체적인 목표가 생겼으니 그 목표를 이루기 위해 설계에 들어가 보도록 합시다. 소위 말하는 스펙을 잡아 보자고요. 로봇을 만들 때 가장 먼저 생각해야 하는 스펙은 키와 몸무게입니다. 물론 이동 속도와 배터리 지속 시간도 중요하고, 인공 지능이 들어가려면 컴퓨터의 사양도 중요합니다. 로봇의 스펙을 대략적으로 잡고 시작해야 설계에 들어갈 수 있습니다.

축구를 하려면 축구공을 드리블할 수 있어야 하고, 슛도 날릴 수 있어야겠네요. 그러면 로봇의 키는 최소한 120cm 이상은 되어

우리가 만들 축구하는 앨리스

야 할 것 같아요. 180cm 정도로 크게 만들면 좋겠지만 그러면 너무 위압적일 것 같습니다. 키가 커질수록 관절에 힘도 많이 들어가게 되니 135cm 정도로 만들면 같이 뛰어놀기 딱 좋지 않을까요? 몸무게는 30kg 이상이 되면 같이 넘어졌을 때 사람

우리와 함께 수다 떠는 앨리스

이 크게 다칠 수 있으니 30kg 이하로 만들면 좋겠네요.

　이동 속도는 빠를수록 좋겠지만, 관절에 쓸 모터를 그만큼 더 좋은 것으로 넣어야 하니 재료비가 비싸지겠지요? 예산이 많지 않으니 이동 속도는 적당히 잡으면 좋겠네요. 사람이 약간 빨리 걷는 속도인 시속 4km이면 어떨까요? 사람이 뛰는 속도보다 조금 느리긴 하지만 같이 놀 수 있는 수준은 될 것 같아요. 그리고 사람과 부딪히지 않도록 장애물 감지 기능은 꼭 넣도록 합시다. 배터리는 최소 삼십 분은 지속돼야 함께 놀 수 있을 것 같네요. 더 길면 좋겠지만, 사실 로봇이 전기를 엄청 많이 먹는 기계라서 현재 배터리 수준으로는 삼십 분도 훌륭한 수준이에요.

　친구 로봇과 함께 수다를 떨려면 무엇을 준비해야 할까요? 마이크와 스피커를 장착하고, 음성 인식과 말하는 기능과 같은 인공지능을 필수로 장착해야겠지요? 그러려면 좋은 컴퓨터가 필요하

겠네요. 그렇다고 전기를 많이 소모하는 큰 컴퓨터를 쓸 수는 없어요. 배터리에 한계가 있기 때문이지요. 컴퓨터 중에서 크기도 작고, 전기도 적게 들면서 인공 지능 프로그램을 잘 돌릴 수 있는 컴퓨터를 열심히 찾아봐야겠네요.

친구 로봇의 이름을 지어 주세요

아이디어 회의의 마지막 단계로 로봇의 이름을 지어 주려고 합니다. 원래 소중한 존재에게는 이름을 붙여 주지 않나요? 저는 이름을 지을 때 영어 약자를 자주 사용하는데요. 우리 친구 로봇에게 앨리스(ALICE)라는 이름을 붙이도록 할게요. 앨리스의 A는 Artificial, L은 Learning, I는 Intelligent, C는 Culture, E는 Education의 약자입니다. 영어 전체 이름을 풀어서 쓰면 Artificial Learning Intelligent Robot for Culture and Education이네요. 즉 우리와 같이 문화생활도 하고 교육도 받을 수 있는, 배우는 자세를 갖춘 인공 지능 로봇이라는 뜻이에요. 이름이 마음에 드나요? 이제부터 우리 로봇을 앨리스라고 부르도록 하겠습니다.

2장

로봇을 어떻게
만들면 좋을까?

용감하게 도전해 보자

아이디어 회의와 이름 지어 주기를 했으니, 이제 설계에 들어갈 차례입니다. 키 135cm에 30kg 이하의 몸무게, 4km/h의 속력을 낼 수 있으며 사람을 인식하고 대화를 나눌 수 있는 휴머노이드 로봇을 만드는 것이 우리의 목표입니다. 아직 전 세계에서 이 정도 기능을 수행할 수 있는 로봇은 별로 없습니다. 세계 최고의 연구소에서 겨우 만드는 수준인데요. 하지만 어렵다고 불가능한 것은 아닙니다. 우리가 힘을 모아 진심으로 도전한다면 무엇이든 가능합니다.

여러분은 도전하기에 너무 어려운 문제를 만나면 어떻게 하나요? 용감하게 도전해서 성공하는 방법과 포기하는 방법 두 가지가 있는데요. 우리는 어떤 선택을 하면 좋을까요? 용감하게 도전해서 성공하기에는 성공 확률이 너무 낮아 두렵습니다. 그렇지만 해 보지도 않고 포기하면 후회가 남지 않을까요? 저는 용감하게 도전하는 길을 선택하려고 합니다. 저와 함께 도전의 길을 가는 동료가 되지 않겠어요?

신체 비율 정하기

키가 135cm라면 아마 초등학교 고학년 정도의 키가 아닐까 싶습니다. 그러면 우리 로봇 앨리스의 팔다리, 몸통 그리고 얼굴 크기를 초등학생의 인체 비율과 비슷하게 잡으면 적절하겠네요.

로봇의 다리 길이를 잡을 때는 허벅지와 종아리를 같은 길이로 잡는 것이 좋습니다. 로봇이 움직이는 것을 보면 앉았다 일어났다 하는 일종의 스쿼트 같은 동작을 많이 하는데요. 이때 허벅지와 종아리의 길이가 서로 같으면 엉덩이와 발목 관절을 같은 속도로 움직일 때, 즉 로봇이 일어서고 앉을 때 흔들리지 않고 균형을 유지할 수 있습니다. 반대로 허벅지와 종아리의 길이가 다르면 엉덩이와 발목 관절의 속도를 다르게 해야 균형이 맞습니다. 아무래도 속도를 서로 다르게 하는 것보다 같게 맞추는 것이 관절을 제어하기 더 쉽겠죠? 우리는 전략적으로 허벅지와 종아리의 길이를 같게 설정하겠습니다.

앨리스의 상체와 하체를 135cm 키의 절반인 67.5cm로 각각 잡는다고 했을 때, 발목에서 발바닥까지의 적절한 길이를 대략 7.5cm라고 해 봅시다. 그러면 허벅지와 종아리의 길이는 67.5cm에서 7.5cm를 빼고, 골반의 길이 10cm를 추가로 뺀 값인 50cm가 됩니다. 50cm를 반으로 나누면 25cm가 되네요. 이렇게 허벅지와 종아리 길이를 각각 25cm로 정하겠습니다.

얼굴은 팔등신 비율로 작게 만들어 볼까요? 얼굴의 길이는 135cm 키의 8분의 1인 17cm로 하고, 머리를 아래로 90도 숙였을 때 발이 보여야 공을 찰 수 있을 테니 목 길이를 8cm 정도로 하겠습니다. 그러면 목을 회전했을 때 머리가 몸 앞으로 나오면서 발끝이 보이겠네요. 이렇게 목과 얼굴의 길이를 더하면 25cm가 되겠습니다.

전체 키에서 하체, 목, 얼굴 크기를 제외한 부분이 몸통의 길이가 되겠지요? 즉 135cm−7.5cm−25cm×2−10cm−17cm−8cm=42.5cm가 나오네요. 그렇게 몸통의 길이는 42.5cm로 잠정적으로 결정하겠습니다.

팔은 몸통의 윗부분에서 시작해서 아래로 내려오는데요. 팔을

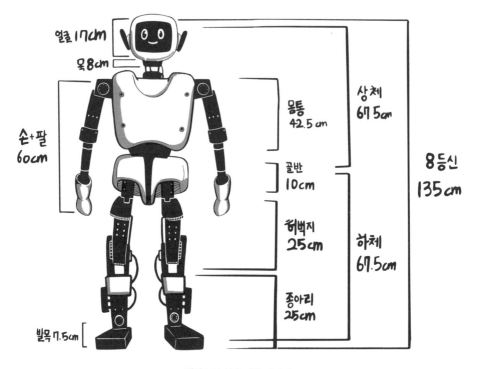

얼굴 17cm

목 8cm

손+팔 60cm

몸통 42.5cm

골반 10cm

허벅지 25cm

종아리 25cm

발목 7.5cm

상체 67.5cm

하체 67.5cm

8등신 135cm

앨리스의 신체 비율 정하기

쫙 펴서 아래로 내렸을 때 손이 허벅지 중간보다 조금 아래까지 내려오는 것이 좋은 비율입니다. 그래야 걸을 때 불편하지 않으면서 일도 잘할 수 있습니다. 그래서 손까지 더한 팔 전체 길이를 60cm로 잡아 보겠습니다.

이렇게 신체의 비율을 모두 결정했는데요. 설계를 할 때는 한 번 결정한 것을 끝까지 밀고 나가는 것이 절대 아닙니다. 설계하는 단

30

계에서는 여러 가지 고려해야 할 사항들이 새롭게 등장하는데요. 그때마다 조금씩 수정해 가면서 완성해야 합니다. 그러니까 지금 우리가 정한 신체 비율은 설계를 처음 시작할 때만 적용되는 거라고 생각해 주세요. 설계가 진행될수록 이 비율은 수정될 가능성이 아주 높습니다.

재료 선정하기

신체 비율을 잡았으니 몸무게가 30kg 이하를 달성할 수 있도록 몸통을 만드는 데 주로 쓸 재료를 선택해야 합니다. 인간의 신체는 부드러운 연골이 단단한 뼈를 연결하고, 근육이 뼈를 지탱해서 힘을 만드는 구조로 구성되어 있습니다. 하지만 로봇은 힘을 만들어 내는 방법이 우리와 많이 다릅니다. 물론 인간의 근육과 비슷한 인공 근육을 만드는 연구가 활발하게 진행되고 있지만, 아직 널리 사용될 수 있을 정도로 잘 만들어진 것은 아닙니다.

뒤에 더 자세히 다루겠지만, 로봇은 전기 에너지로부터 회전력을 얻는 부품인 모터를 주로 사용합니다. 모터는 모양과 힘을 내는 방식이 인간의 근육과 많이 다르기 때문에 로봇을 인간처럼 뼈, 연골, 근육 구조로 만들 수가 없습니다. 결국 우리 로봇 앨리스는 인간의 신체 구조와 다르게 모터와 모터를 잇는 구조로 만들어야 합니다.

모터와 모터를 잇는 구조를 만드는 것이 쉬운 일은 아닙니다. 모터가 인간의 뼈처럼 단단하고, 무게를 지탱해 줄 수 있을 만큼 튼튼해야 하기 때문입니다. 그런데 튼튼하게 만들겠다고 무거운 쇠를 사용했다가는 목표 무게인 30kg이 훌쩍 넘을 것입니다. 사람도 키 135cm에 30kg의 몸무게면 상당히 마른 편에 속하니까요. 그래서 로봇을 만들 재료는 가벼우면서도 단단한 재료로 잘 선정해야 합니다.

비행기나 로켓을 만들 때도 아마 같은 고민이 있었을 것 같습니다. 비행기를 하늘에 띄우려면 가벼워야 하는데, 가볍게 만들기 위해서 약한 재료를 썼다가는 큰 사고가 날 수 있으니까요. 그래서 가벼우면서도 단단한 재료를 만들기 위해 많은 연구가 있었고, 알루미늄 합금이라는 새로운 금속 재료가 발명됐습니다. 알루미늄 합금은 무게가 철보다 3분의 1밖에 안 나가지만 단단한 정도는 철보다 약간 무릅니다. 아주 훌륭한 재료가 아닐 수 없습니다. 물론 가격은 철보다 비싸긴 합니다.

금속 구조물을 프레임이라고 부르는데요. 우리 앨리스의 프레임은 재료비가 조금 비싸더라도 목표 무게를 맞추기 위해서 알루미늄 합금으로 제작하도록 하겠습니다.

개념 설계로 무게 측정하기

재료를 알루미늄 합금으로 선정했다고 해서 프레임 형상을 마음대로 만들어도 되는 것은 아닙니다. 앨리스를 지지할 만큼 강하면서도 최대한 가볍게 설계해야 합니다. 요즘에 제품을 설계할 때는 대부분 3D CAD(Computer Aided Design)라는 컴퓨터 설계 도구를 사용하는데요. 3D CAD를 사용하면 프레임의 무게를 예측할 수 있습니다. 모터를 잇는 프레임을 하나 만들 때마다 3D CAD로 무게를 체크해서 최대한 가벼우면서 강한 구조물을 설계해야 합니다. 이것을 최적 설계라고 부릅니다.

최적 설계를 하려면 전문 지식이 필요할 수 있습니다. 하지만 첫

3D CAD로 부품을 설계하는 모습

술에 배부를 수 없는 법입니다. 우리는 일단 프레임을 최대한 얇고 간단한 형상으로 정하고 간단하게 설계해 보겠습니다. 그렇게 앨리스를 만든 뒤 실험 중 약해서 휘거나 부러지는 프레임이 생기면, 그 프레임은 좀 더 두껍게 다시 만들어서 교체하는 작업을 하겠습니다. 이런 시행착오의 경험이 쌓일수록 우리는 더 뛰어난 설계자가 될 수 있습니다. 물론 시행착오를 겪으면 그로부터 충분한 교훈을 얻어야 다음번에 같은 실수를 하지 않을 것입니다. 반드시 실수했던 내용과 결과, 다시 수정한 내용을 잘 기록해서 정리해 두고 꼭 기억해야 합니다.

앨리스의 모터와 모터를 잇는 프레임을 3D CAD에서 대략적으로 간단하게 만드는 과정을 개념 설계라고 하는데요. 로봇 설계는 1단계로 개념 설계를 하고, 2단계로 필요한 부품들을 넣는 등 좀 더 구체적으로 만드는 기본 설계를 합니다. 그리고 마지막으로 실제 제작을 위해 꼼꼼하게 설계하는 상세 설계까지 3단계를 거칩니다.

지금 단계에서 필요한 것은 프레임을

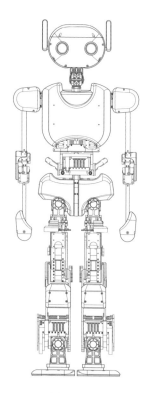

앨리스의 설계도

개념 설계한 뒤 각 프레임의 무게를 모두 측정하고 더해서 전체 무게를 예측하는 것입니다. 전체 무게가 30kg이 넘어가면 어떤 프레임은 크기를 줄이고 좀 더 가볍게 만들어야 합니다. 그렇게 전체 목표 무게에 달성할 때까지 수정에 수정을 거듭합니다. 개념 설계가 끝나면 앨리스의 대략적인 형상이 나올 것입니다.

로봇 개발의 시작

우리는 어느새 로봇 앨리스의 개발을 시작해 버렸습니다. 로봇을 개발하려면 참 많은 과정을 거쳐야 합니다. 천 리 길도 한 걸음부터라고 했나요? 아무리 긴 과정이라도 하나하나 익혀 나가면 언젠가 로봇을 만들 수 있게 될 것입니다. 다음 단계부터는 앨리스의 여러 기능이 실현될 수 있도록 하나씩 구체적으로 만들어 갈 예정입니다. 힘든 도전이 되겠지만, 여러분이 이 긴 여정을 함께해 줄 것이라 믿고 힘내 보겠습니다.

3장

컴퓨터로
앨리스의 몸통을
채워 보자

로봇의 기반 구조물인 몸통 만들기

개념 설계를 하며 앨리스의 외형 구조를 잡았으니 이제 다음 단계로 넘어가 볼까요? 일단 앨리스의 외형을 몸통, 팔, 다리, 머리 크게 네 부분으로 나누고, 각 부분의 설계를 좀 더 자세하게 들어가 봅시다. 먼저 앨리스의 중심이 될 몸통을 만들어 볼까요?

개념 설계에서 우리는 몸통의 높이를 42.5cm로 정했습니다. 폭과 두께는 아직 정하지 못했습니다. 초등학교 고학년 학생을 기준으로 생각한다면 폭과 두께가 20cm보다 크면 안 될 것 같네요. 일단 42.5cm × 20cm × 20cm 크기의 육면체 모양으로 몸통 설계를 시작해 보겠습니다.

앨리스에게 몸통은 어떤 역할을 할까요? 인간은 몸통 안에 생존에 필요한 대부분의 기관이 있습니다. 소화를 위한 소화 기관, 호흡을 위한 호흡 기관, 혈액 순환을 위한 심장, 각종 호르몬의 생성 기관, 몸의 중심을 지탱하는 척추, 중요 기관을 보호하기 위한 갈비뼈 등 중요한 기관이 거의 모두 몸통에 들어 있습니다. 그런데 로봇은 음식을 먹지도 않고, 산소를 호흡하지도 않고, 피도 돌지 않기 때문에 인간처럼 많은 기관이 필요하지 않습니다. 이렇게 보면 앨리스의 몸통이 특별히 해야 할 역할은 보이지 않습니다. 어떻게 보면 빈 공간이라고 할 수 있겠네요. 이 비어 있는 공간을 소중히 써야 되겠습니다.

인간과 앨리스의 몸통 비교

로봇에게는 소화 기관, 폐, 심장 등 오장육부가 필요하지 않지만, 컴퓨터를 비롯한 전자 장비가 많이 필요합니다. 인간의 뇌는 생각하는 기능을 담당하고 있는데요. 로봇은 생각하는 기능을 컴퓨터와 같은 전자 장비가 수행합니다. 이 장비들은 크기가 클수록 성능이 좋은데, 작은 머리 안에 넣으려면 크기가 작아야 합니다. 크기가 작아지면 컴퓨터 성능이 나빠지겠죠.

그러면 몸통의 빈 공간을 이용해 컴퓨터를 장착하는 것은 어떨까요? 머리는 발에서부터 가장 멀리 떨어져 있는 부분인데, 컴퓨터를 장착하면 머리가 무거워질 것입니다. 그에 따라 로봇의 무게 중심도 높아져서 넘어질 확률이 올라가겠죠. 무게 중심을 낮게 만들수록 로봇은 더 안정적으로 움직입니다. 여러모로 몸통 안에 컴퓨터 등의 전자 장비를 장착하는 것이 유리해 보입니다. 그래서 우리는 앨리스의 몸통 안에 고성능 컴퓨터를 넣으려고 합니다.

로봇에게 컴퓨터 외에 다른 전자 장비를 장착할 때도 인간의 신체와 비슷하게 배치하는 것이 좋습니다. 서로 의사소통하면서 지내려면 아무래도 사람과 비슷하게 보이는 것이 좋으니까요. 그러면 카메라 같은 장비는 머리를 돌려 사방을 볼 수 있도록 인간의 눈과 같은 위치에 배치하는 것이 자연스럽겠지요? 소리가 나오는 스피커는 입 쪽에 배치하는 것이 좋겠지만, 목이나 가슴 앞부분에서 소리가 나와도 그렇게 이상하게 느껴지지는 않습니다. 안테나 같은 부품은 사람에게 없는 기능이기 때문에 상상력을 발휘해서 배치해야겠지요. 아무튼 앨리스의 넓은 몸통 안에 되도록 많은 전자 장비를 넣어 보겠습니다.

작고 가벼운 고성능 컴퓨터 고르기

로봇의 몸통이 넓다 한들 데스크톱 같은 컴퓨터를 넣을 수 있을 정도로 넓은 것은 아닙니다. 더군다나 앨리스가 목표로 하는 무게인 30kg 이내를 달성하려면 조그만 장치도 하나하나 신중하게 선택하고 감량해야 겨우 무게 목표를 맞출 수 있습니다. 로봇을 움직이게 하려면 자잘한 전자 부품이 많이 필요하기 때문에 몸통은 전자 부품들로 가득 차게 될 텐데요. 컴퓨터를 비롯한 전자 장비들을 효과적으로 배치해야 몸통의 공간을 잘 쓸 수 있습니다. 처음에 정리를 잘 못했다가는 공간이 부족해서 몸통을 계속 키울 수밖에 없는 상황이 될 수도 있습니다. 몸통 안에 모든 전자 부품을 넣는 과정은 고난이도의 삼차원 테트리스 게임을 하는 것과 같습니다. 만약 이런 배치 작업이 재미있고, 잘한다면 로봇 설계자가 될 재능이 있다고 생각해도 좋습니다.

전자 부품 중 가장 크고 무거운 컴퓨터의 사양을 고르는 것은

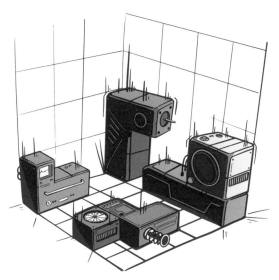

고난이도 삼차원 테트리스 같은 로봇의 몸통 채우기

매우 중요합니다. 요즘은 태블릿 피시 같은 크기가 작은 컴퓨터의 종류가 다양하게 나오고 있는데요. 그렇다고 작고 가볍다며 아무 것이나 쓰면 안 됩니다. 컴퓨터의 연산 속도가 느리고 메모리 용량이 작아 앨리스가 필요로 하는 인공 지능을 충분히 지원하지 못할 수 있기 때문입니다. 그리고 소모 전력도 중요합니다. 아이디어 회의에서 배터리의 목표 지속 시간을 삼십 분으로 정했는데요. 컴퓨터가 전력을 너무 많이 사용하면 삼십 분을 맞출 수 없을지도 모릅니다.

따라서 작고 가벼우면서도 저전력인 고성능 컴퓨터를 선택해야 합니다. 조건이 너무 가혹하네요. 로봇에 쓰이는 컴퓨터는 우리가 흔히 사용하는 노트북이나 태블릿과는 많이 다를 수밖에 없습니다. 이렇게 작고 가벼우며 전력을 적게 사용하는 컴퓨터를 소형 폼팩터(SFF, Small Form Factor)라고 부릅니다. 소형 폼팩터는 보통 노트북이나 태블릿을 사용하기 곤란한 공장이나 전시장 같은 곳에서 간단한 일을 수행하기 위해 사용되고 있습니다. 우리 앨리스에게도 노트북이나 태블릿보다는 적절한 크기의 소형 폼팩터를 선정해야겠습니다.

앨리스에게 맞는 소형 폼팩터 구하기

앨리스는 음성 인식과 사물 인식 같은 고난이도의 인공 지능을 갖추어야 합니다. NVIDIA 회사에서 만든 성능 좋은 그래픽 장치(GPU, Graphics Processing Unit)가 장착된 컴퓨터를 사용하는 것이 좋겠네요.

GPU는 컴퓨터 모니터에 화면이 잘 나오게 하려고 만든 컴퓨터 부속품인데요. 요즘에는 이 GPU를 응용해서 인공 지능 프로그램에도 사용하고 있습니다. 그래서 보통 인공 지능 프로그램은 GPU에서 돌아가는데요. 일반적인 GPU가 장착된 컴퓨터는 크기가 너무 크기 때문에 앨리스에게 장착하기는 어렵습니다. 그래서 로봇을 위해 특별하게 제작된 제품을 사용하려고 합니다. 연산 능력은 21 TOPS, 즉 1초에 21조 번의 연산을 할 수 있으며 소모 전력도 20W 정도로 많지 않습니다. 이 정도면 우리 앨리스의 인공 지능이 훌륭하게 만들어질 수 있습니다.

그런데 앨리스에게는 인공 지능뿐만 아니라 수많은 관절을 동시에 제어하는 능력도 필요합니다. 우리가 고른 제품은 훌륭한 폼 팩터이지만 로봇 관절을 제어하려면 GPU보다 좋은 중앙 연산 처리 장치(CPU, Central Processing Unit)가 필요합니다. CPU는 컴퓨터의 핵심 장비인데요. 컴퓨터는 사실 계산을 하는 기계이고, 이 계

CPU 전면과 후면

산을 주로 담당하는 부속품이 CPU입니다. 그래서 좋은 CPU를 가진 컴퓨터가 성능이 좋은 컴퓨터라고 보면 됩니다.

GPU는 인공 지능 계산을 담당한다고 했는데요. GPU는 단순한 연산을 여러 프로세서가 나눠서 계산하는 방식이라 복잡한 계산을 빠르게 수행하는 것은 잘 못합니다. 쉬운 작업을 대량으로 처리하는 것을 잘하죠. 반면에 CPU는 복잡한 연산을 빠르게 수행하는 방식이라 로봇 관절 제어 같은 복잡한 연산은 GPU가 아닌 CPU가 하는 것이 좋습니다.

결국 앨리스에게 좋은 CPU를 가지고 있는 폼팩터가 하나 더 있으면 좋겠네요. 그런데 관절 제어는 잘못했다가는 로봇이 오작동을 해서 사고가 날 수 있습니다. 그러니 관절 제어와 인공 지능을 함께 계산해서 컴퓨터를 혼란스럽게 만들지 말고, 관절 제어만 독립적으로 수행하는 것이 안전을 위해서 좋겠네요. 좋은 CPU를 쓰기 위해 Intel 회사가 만든 제품을 선택하고자 합니다. CPU는 Intel® Core™ i7이 장착된 제품으로 선택하면 앨리스의 관절 제어를 아주 빠르고 정확하게 수행할 수 있습니다.

그리고 마지막으로 랜 허브를 설치해서 두 개의 폼팩터를 랜 통신으로 연결하려고 합니다. 인터넷이 보편화된 만큼 다들 집에 공유기 하나 정도는 있는 것 같던데요. 와이파이를 쓰려면 공유기가 있어야 하니까 공유기는 이제 생활필수품이 된 것 같습니다. 공유

GPU와 CPU가 설치된 앨리스의 몸통 내부

기를 자세히 보면 사각형 모양의 전선을 연결하는 부분이 있는데요. 이곳에 랜선을 연결하면 유선 통신, 즉 랜 통신을 할 수 있습니다. 컴퓨터로 정보를 빠르게 오가며 일할 수 있게 된 것입니다.

우리는 앨리스에게 랜선을 연결할 수 있는 랜 허브를 설치하고, 두 컴퓨터를 연결해서 계산 결과를 주고받게 할 것입니다. 인공지능 계산 결과와 관절의 계산 결과는 서로 필요한 정보이기 때문에 아주 효율적인 컴퓨터 구성이 될 것 같습니다.

통신 관련 프로그램을 설치하고 운영하는 기술도 추가로 필요할 것 같은데요. 대부분의 로봇은 ROS(Robot Operating System) 프로그램을 이용해서 통신하고 있습니다. 우리도 로봇의 많은 부품을 동시에 다루기 위해서 ROS 프로그램을 사용하려고 합니다. ROS 프로그램을 사용하는 방법에 대한 책도 많이 나오고 있으니, 좋은 책을 골라서 로봇을 만드는 동안 틈틈이 공부하는 것을 추천합니다. 이제 몸통 구성은 어느 정도 되었으니 본격적으로 로봇의 관절을 설계해 봅시다.

4장

앨리스가
팔로 일을 하게
만들자

왜 인간은 다른 동물과 다르게 팔과 손이 있을까요?

인간과 같은 영장류는 다른 동물과 다르게 팔을 가지고 있습니다. 다른 동물들은 팔 대신 네 개의 다리나 지느러미 또는 날개가 있기도 합니다. 동물들은 살고 있는 환경에 잘 적응하기 위해서 다양한 모양의 팔로 진화했죠.

땅 위에 사는 대부분의 동물은 팔이 없고 다리가 네 개인 경우가 많습니다. 물론 침팬지나 원숭이 같은 동물은 인간처럼 팔이 있지만, 절대다수의 동물은 고양이나 강아지같이 네 개의 다리를 가지고 있습니다. 다리가 네 개인 동물은 험한 지형에서 균형을 잘 잡을 수 있고, 뛰는 속도가 빠르기 때문에 살아남기 좋은 것처

네 개의 다리를 가진 고양이와 강아지

럼 보입니다. 대부분의 네 발 달린 동물은 인간보다 훨씬 운동 능력이 뛰어납니다. 그런데 네 개의 다리 대신 두 개의 팔과 두 개의 다리를 가진 인간이 어떻게 육지에서 가장 우월한 동물이 될 수 있었을까요?

팔과 손을 이용해서 물건을 잡을 수 있기 때문이 아닐까요? 상황에 맞는 물건을 골라잡아서 팔의 기능을 업그레이드해 온 것이지요. 그렇게 우리는 사냥도 하고, 요리도 하고, 집도 짓는 엄청난 능력을 가질 수 있게 되었습니다. 인간은 변하는 상황 속에서 팔과 손을 적절하게 사용함으로써 동물 중에서 가장 경쟁력이 강한 존재가 될 수 있었습니다.

우리는 물건을 도구라고 부르고, 인간을 도구의 인간인 호모 파베르라고 부르기도 합니다. 도구를 다양하게 만들어 내면 낼수록 인간의 능력은 업그레이드되었고, 가장 우수한 도구를 사용한 인간은 가장 경쟁력 있는 인간이 되었습니다. 지금 우리는 자동차를 타면 치타보다 빨리 달릴 수 있고, 잠수함을 타고 바다 속을 탐험할 수 있을 뿐 아니라 우주에 로봇을 보내서 화성을 화면으로 볼 수 있는 존재가 되었습니다. 다리 대신 팔을 선택한 것은 정말 현명한 선택이 아니었을까 싶습니다.

이제 시선을 로봇으로 돌려서 생각해 보겠습니다. 팔과 손이 인간을 다양한 환경에 잘 적응하게 만들었다면 로봇은 어떨까요? 로봇을 만든 목적이 험한 지형에서 물건을 나르는 일이라면 개, 소, 말처럼 네 다리로 기어 다니게 하는 것이 가장 효율적으로 보입니다. 이런 이유로 군용 로봇은 소나 강아지 같은 사족 로봇이 많이 만들어지고 있습니다. 로봇이 군인의 군장을 대신 메고 험한 지형을 달려야 하니까요. 보스턴 다이내믹스의 빅독과 스팟이 가장 대표적인 사족 로봇입니다.

그런데 만약 만들려는 로봇이 짐을 운반하는 것뿐만 아니라 사람처럼 다양한 일을 해야 한다면 어떨까요? 아마도 사람처럼 팔과 손을 가지는 것이 가장 좋지 않을까요?

예전부터 공장에서 일하는 제조용 로봇은 대부분 팔만 있는 경우가 많았습니다. 그래서인지 아직도 로봇이라고 하면 로봇 팔을 떠올리는 사람이 많을 것 같습니다. 그만큼 로봇이 일을 하는 데 필요한 핵심 기술은 팔에 있다고 봐도 과언이 아닙니다. 로봇 팔의 맨 끝부분에 엔드 이펙터(End effector)를 장착하면 다양한 일을 할 수 있습니다. 그래서 실제 제조 현장에서는 다양한 엔드 이펙터를 구비해 놓고, 상황에 맞게 갈아 끼우며 로봇 팔을 사용하고 있습니다. 바꾸어 말하면 로봇의 팔과 손을 잘 만들어야 로봇이 일을 잘할 수 있습니다. 그럼 이제 앨리스가 일을 잘할 수 있도록 본격적으로 팔을 만들어 보겠습니다.

팔의 자유도 결정하기

로봇의 팔을 만들 때 제일 먼저 고민해야 하는 것은 '자유도를 몇 개로 할 것인가'입니다. 자유도를 쉽게 설명하자면 움직이는 방향의 개수라고 할 수 있는데요. 물론 정확한 정의는 아니지만, 개념을 설명하기에 적절한 표현이라고 생각합니다. 로봇에 적용해서 더 쉽게 얘기하자면, 구동기의 개수라고 생각하면 될 것 같습니다. 이때 구동기는 로봇에 쓰이는 전기 모터라고 보면 됩니다. 로봇의 팔다리에 들어가는 모터가 많아질수록 자유도가 높아지기 때문에 다양하고 부드러운 움직임을 만들 수 있습니다.

로봇의 팔다리에 들어가는 모터가 많으면, 즉 자유도가 높으면 좋기만 할 것 같지만 꼭 그렇지만은 않습니다. 모터를 많이 사용한다는 것은 로봇이 무거워진다는 것을 의미하고, 무거운 몸을 움직이려면 힘이 센 모터를 써야 합니다. 힘이 센 모터는 크고 무거운데요. 그러면 로봇의 무게가 더 무거워집니다. 또, 힘이 세고 큰 모터는 전기를 많이 소모합니다. 전기를 많이 쓰려면 로봇에 들어가는 배터리도 커져야 하는데, 큰 배터리는 로봇을 더 무겁게 만듭니다. 결국 설계를 하면 할수록 로봇이 무거워지는 악순환이 생길 수도 있습니다. 적당한 개수의 모터를 선정하는 것, 다시 말해서 로봇 팔다리의 자유도를 적절하게 결정하는 것이 상당히 중요합니다.

우리는 앨리스의 팔을 만들기 위해서 일단 6 자유도를 기본으로 설계하려고 합니다. 6이라는 숫자는 로봇에게 있어서 중요한 숫자입니다. 삼차원 공간에서 모든 곳에 모든 방향으로 닿을 수 있는 최소의 숫자가 6이거든요. 6보다 작은 자유도를 가진 팔으로는 닿을 수 없는 공간이나 방향이 생기게 됩니다.

공간은 3개의 직선 방향과 3개의 회전 방향, 즉 6개의 방향으로 이루어져 있습니다. 6개의 방향에 대응하려면 최소 6개의 자유도가 있어야 원하는 곳에 원하는 방향으로 접근할 수 있습니다.

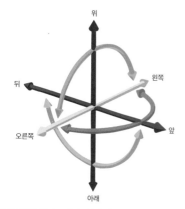

위

뒤

왼쪽

오른쪽

앞

아래

3개의 직선과 3개의 회전 방향으로 이뤄진 공간

중학교 2학년 때 배우는 연립 방정식을 풀어 본 사람이라면 이해할 수 있을 텐데요. 3개의 미지수를 가진 방정식을 풀기 위해서는 최소 3개의 방정식이 있어야 한다는 것과 같은 원리입니다.

공간은 6개의 방향을 가지고 있으니 최소 6개의 자유도가 있어야 만족할 만한 답을 찾을 수 있습니다. 만약 자유도가 5개뿐이라면 자유도가 하나 모자라서 6개의 공간 관계를 모두 만족시키지 못할 것입니다. 결국 닿을 수 없는 공간이나 방향이 하나 생기게 되겠죠.

그런데 만약 자유도가 6보다 높으면 어떤 일이 벌어질까요? 인간의 팔은 7 자유도처럼 보이는데요. 6 자유도보다 1 자유도가 더 높기 때문에 여러 가지 방향으로 접근해 물건을 잡을 수 있습니다. 심지어 손으로 문고리 같은 고정된 물체를 꽉 잡은 상태에서 팔꿈치나 어깨를 마구 돌릴 수도 있지요.

수학적으로 얘기하자면 7 자유도는 방정식의 개수는 6개인데 변수는 7개라서 무한개의 답을 가지게 되는 것과 같습니다. 정할 수 없는 답, 즉 우리가 중학교 수학 시간에 배운 부정(不定)입니다. 그래서 자유도가 6개보다 높은 경우는 여유 자유도, 줄여서 여자유

6 자유도로 자유롭게 움직이는 앨리스

도라고 부릅니다. 인간의 팔은 여자유도여서 상당히 많은 동작을
할 수 있습니다.

그런데 앨리스의 팔이 여자유도를 가져야 하는지는 판단하기
어렵네요. 모터가 많아지는 것은 로봇에게는 상당히 부담스러운
일이니까요. 그래서 일단 모든 공간에 모든 방향으로 접근할 수 있
는 최소 조건인 6 자유도로 정하겠습니다. 앨리스를 최대한 가볍
게 만들고 싶기 때문입니다. 구동기를 하나 더 넣어 7 자유도가 되
면 활동성은 좋아지겠지만, 그만큼 더 무거워져서 팔을 들기가 어
려워질 것입니다.

팔에 쓸 모터의 토크 정하기

무게 이야기가 나온 만큼 가반 중량(Pay load) 이야기를 해야겠네요. 로봇 팔이 손으로 들 수 있는 무게를 가반 중량이라고 합니다. 그래서 로봇 팔의 능력을 말할 때 '가반 중량이 얼마냐?'라고 물어보곤 합니다. 가반 중량이 높으면 그만큼 힘이 좋은 팔이라고 할 수 있겠지요.

앨리스의 가반 중량은 얼마로 하면 좋을까요? 최소한 음료수 캔은 들 수 있어야 "앨리스야, 냉장고에서 음료수 좀 가져와 줘!"라고 명령할 수 있지 않을까요? 가까운 편의점에 들러 보면 500ml 용량의 음료수나 캔 상품을 흔히 볼 수 있습니다. 500ml 용량의 음료수는 500g 정도의 무게가 나가는데요. 그 정도 물건은 충분히 들 수 있도록 500g에서 20% 더 무거운 600g으로 가반 중량을 설정하겠습니다.

그런데 600g의 물건을 들려면 로봇의 모터가 내는 힘을 어떻게 설정해야 할까요? 일단 물리 수업 시간에 들은 토크(Torque)라는 개념을 익혀야 합니다. 자동차 스펙을 말할 때 '이 자동차 엔진은 배기량 2000cc, 300마력 40kgf.m 토크입니다' 같은 문구를 본 적 있나요? 못 봤어도 괜찮습니다. 토크라는 단어는 기계를 설명할 때 흔하게 쓰는 개념이라는 정도만 알고 있으면 됩니다. 토크는 자동차 엔진 같은 회전하는 기계의 성능을 평가할 때 쓰는 말입니다. 간단히 말하자면 토크는 회전하는 힘인데요. 우리말로 번역하면 회전력이라고 할 수 있겠습니다. 하지만 모두 토크라고 쓰니까 우리도 토크라는 용어를 쓰겠습니다.

앨리스의 팔에 들어가는 모터 토크의 크기를 정하려면 양팔을 좌우로 활짝 펴고 물건을 들고 있는 모습을 상상하면 쉽습니다. 팔을 활짝 폈을 때 로봇 팔의 길이와 물건의 무게를 곱한 값이 토크입니다. 만약 로봇 팔의 길이가 1m이고 1kg의 물건을 들고 있다면 로봇 팔이 버텨야 하는 토크는 1m×1kg=1kgf.m가 됩니다.

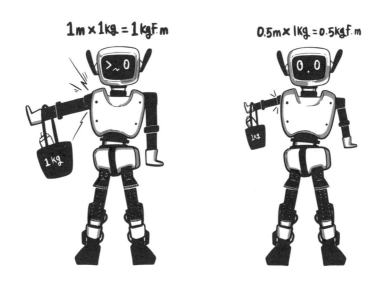

팔에 들어가는 모터 토크의 크기 정하기

만약 로봇 팔이 0.5m로 줄어든다면 토크는 0.5m × 1kg＝0.5kgf.m 로 반이 되겠지요. 토크가 크면 클수록 모터가 내야 하는 힘이 커집니다. 팔이 길수록 토크가 커지기 때문에 모터는 큰 힘을 내야 합니다.

앨리스는 초등학생 크기 정도의 로봇이니까 팔은 0.6m 정도면 적당할 것 같습니다. 그리고 600g의 물건을 들어야 하니 0.6m × 0.6kg＝0.36kgf.m의 토크를 낼 수 있어야겠네요. 0.36kgf.m를 표준 토크 단위인 뉴턴 미터(Nm, Newton meter)로 환산해야 하는데요. kgf.m에 9.8을 곱하면 Nm가 됩니다. 즉 모터는 3.5Nm의 토크를 버틸 수 있어야 합니다. 그래서 앨리스의 어깨에는 3.5Nm의 토크를 낼 수 있는 모터를 장착하겠습니다.

앞에서 팔의 자유도를 정할 때 방향에 대해 배웠죠? 사람의 어깨는 세 가지 방향으로 움직입니다. 팔 벌려 뛰기 할 때, 앞으로 나란히 할 때, 팔 비틀기 할 때 세 가지입니다. 어깨는 이 세 가지 방향의 움직임을 조합해 모든 방향으로 회전할 수 있습니다. 앨리스의 어깨도 사람처럼 세 가지 방향으로 움직일 수 있도록 3.5Nm급의 모터 3개를 어깨의 각 운동 방향마다 하나씩 넣겠습니다.

그리고 팔꿈치는 굽혔다 폈다 한 가지 방향으로만 움직이지요. 길이는 팔의 절반 길이인 0.3m로 잡고 0.6kg의 무게를 들어야 하니까 0.3m × 0.6kg＝0.18kgf.m＝1.8Nm 급의 모터를 하나 넣으면

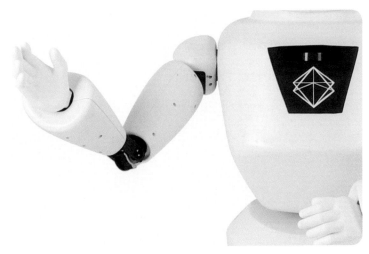

6개의 모터로 만든 로봇의 팔

되겠습니다.

마지막으로 사람의 손목도 어깨처럼 세 가지 방향으로 움직입니다. 앨리스의 손목에 3개의 모터를 설치하면 팔의 모터 개수는 어깨 3개와 팔꿈치 1개까지 해서 총 7개가 되죠. 처음에 우리가 팔을 6 자유도로 정했으므로 손목의 자유도를 인간처럼 3개가 아닌 2개로 하겠습니다. 그리고 이 2개는 가위바위보를 할 때 손 흔드는 방향 하나와 뿌잉뿌잉하는 귀여운 동작을 할 때 손을 볼에 대고 움직이는 방향 두 가지입니다. 이 두 가지 방향으로 움직일 수 있도록 모터를 1개씩 설치하도록 하겠습니다. 그리고 손목에서부터 손까지의 길이를 0.1m로 잡아서 $0.1m \times 0.6kg = 0.06kgf.m = 0.6Nm$

급의 모터를 2개 장착하겠습니다.

정리하면 앨리스의 팔에는 토크를 기준으로 3.5Nm 급의 모터 3개, 1.8Nm 급의 모터 1개, 0.6Nm 급의 모터 2개, 총 6개의 모터를 설치하겠습니다. 이제 앨리스의 팔을 설계하기 위한 모터를 모두 성공적으로 선택한 것 같습니다.

프레임 선정하기

모터 선정이 끝난 것처럼 보이지만 사실 하나 더 생각할 것이 있습니다. 모터가 들어가면서 모터의 무게만큼 로봇 팔이 들어야 할 무게가 늘어났습니다. 팔꿈치 모터는 손목 모터의 무게를 추가로 들어야 하고, 어깨 모터는 팔꿈치와 손목 모터의 무게를 감당해야 합니다. 그래서 어깨 모터와 팔꿈치 모터의 토크를 좀 더 늘려야 할 것 같습니다. 얼마나 무거운 모터가 들어가는지에 따라 토크의 양도 달라지겠지요. 이런 식으로 다시 계산하는 과정을 여러 번 거쳐야 비로소 로봇 팔에 쓰일 모터를 결정할 수 있습니다. 제가 좋아하는 모터를 써서 계산해 보니 어깨에 대략 6.0Nm, 팔꿈치에 4.0Nm, 손목에 1.2Nm의 토크를 낼 수 있는 모터가 필요하네요. 모터가 내는 힘이 대략 두 배 정도 더 늘어났습니다.

그런데 여기서 다가 아닙니다. 모터는 허공에 매달려 있는 것이 아니기 때문에 모터와 모터 사이를 프레임으로 연결해야 합니다. 인간의 관절과 관절 사이가 뼈와 근육으로 연결되어 있듯이 로봇도 모터와 모터 사이를 연결해 주어야 합니다. 그렇다면 로봇의 프레임은 인간의 뼈대라고 볼 수 있겠네요. 그러면 모터는 프레임의 무게만큼 늘어난 무게를 들어야 합니다. 더 큰 힘을 내려면 더 큰 모터, 즉 더 무거운 모터를 사용해야 하겠죠. 그러면 점점 모터가 커지면서 무게가 늘어나는 악순환이 생기게 됩니다. 무언가 잘못된 길에 들어선 느낌까지 듭니다.

이 악순환의 고리를 끊는 가장 좋은 방법은 작고 가벼우면서 힘이 센 모터를 장착하는 것이겠지요. 그런데 작고 가벼우면서 힘이 센 모터는 가격이 비싸다는 아주 큰 단점이 있습니다. 그래서 날씬하고 날렵하게 움직이는 보기 좋은 로봇을 만들기 위해서는 많은 돈이 필요합니다. 로봇이 스마트폰처럼 보급되지 못하고 있는 가장 큰 이유가 너무 비싸다는 것인데, 바로 무게의 악순환 때문입니다.

로봇에 들어가는 재료비를 아끼려면 프레임의 무게를 조금이라도 줄여야 합니다. 그래야 모터 무게와 비용이 커지는 악순환의 고리에서 빠져나올 수 있습니다. 하지만 프레임을 가볍게 하겠다고 종이 상자처럼 약한 재료를 쓸 수도 없습니다. 로봇의 팔이 500g의 음료수를 들게 하려면 그만큼 힘으로 버틸 수 있어야 하니까요. 또, 팔이 빠르게 움직일 때 휘거나 구부러지지 않고 버틸 수 있어야 합니다. 보통 가벼운 재료는 약하고, 쇠같이 무거운 재료는 강한 것이 물리 법칙입니다. 어려운 문제가 꼬리에 꼬리를 물고 이어져서 도무지 풀릴 기미가 보이지 않네요.

강성이란

가벼우면서도 강하게 버틸 수 있는, 모순된 두 마리 토끼를 동시에 잡는 방법은 없을까요? 이때 필요한 개념이 강성입니다. 같은 재료도 어떻게 만드느냐에 따라 힘을 버티는 능력이 달라집니다. 이것을 강성이라고 부릅니다. 강성이 높다는 것은 큰 힘을 버틸 수 있다는 말입니다.

주변에 A4 종이가 있다면 지금 당장 실험을 해 봅시다. 종이를 옆으로 세운 뒤 스마트폰을 올려놓으면 종이가 구부러지지 않고 버틸 수 있을까요? 말도 안 되는 소리로 들리나요? 그렇다면 이번에는 종이를 90도로 접어서 세운 뒤에 스마트폰을 올리면 어떨까요? 물론 스마트폰을 90도로 접은 종이 위에 올려놓으면 종이가 구부러지긴 하겠죠. 그래도 버티는 힘이 조금 늘어난 것 같지

종이 실험으로 보는 강성

않나요? 이번에는 종이를 더 접어서 사각형이 되도록 만든 뒤 스마트폰을 올려 볼까요? 이번에는 종이가 구부러지지 않고 버티지 않나요? 종이의 네 면이 모두 책상에 잘 닿아 있다면 스마트폰을 버틸 수 있을 정도의 강성이 생깁니다. 분명 같은 종이를 사용했는데도 모양이 바뀌니 버티는 힘이 바뀌었습니다.

위의 종이 실험과 같은 원리로 로봇의 프레임 모양을 잘 만든다면 강성을 높일 수 있습니다. 가벼운 재료로 프레임을 만들 수 있는 거죠. 강성이 높은 모양을 설계하려면 공부를 많이 해야 하는데요. 대학교에서 가르쳐 주는 재료 역학과 기계 설계 과목에서 강성을 높이는 형상에 대해 공부할 수 있습니다.

빌딩이나 다리를 만들 때 기초 구조로 쓰이는 H빔 철근이나 굴삭기의 팔 프레임 같은 구조물은 강성이 잘 설계된 좋은 예시입니다. 재료 역학은 쉽지 않은 과목이고, 강성 또한 쉽지 않은 개념입니다. 하지만 강성에 대한 지식을 잘 익히면 일류 기계 설계자가 될 수 있습니다. 중고등학교 학생이라면 강성이라는 개념이 있다는 정도만 알아도 정말 훌륭합니다. 아무튼 우리 앨리스의 팔은 강성이 높은 모양으로 프레임을 설계해서 무게의 악순환으로부터 벗어나도록 합시다.

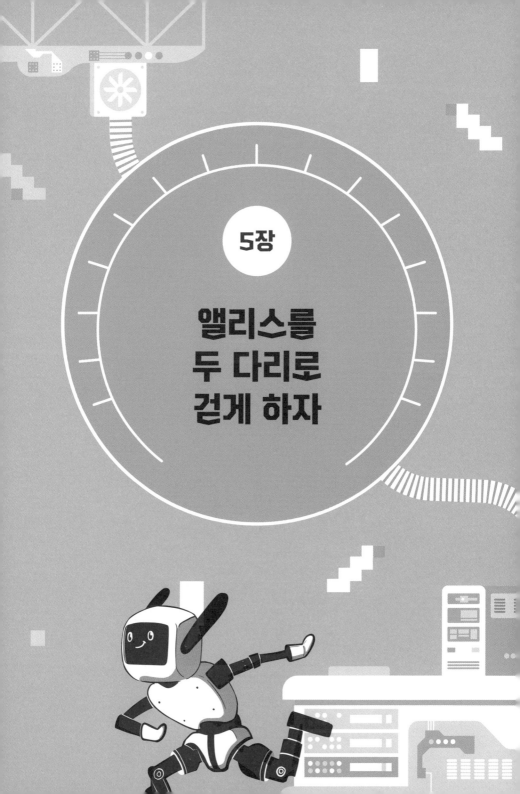

5장

앨리스를
두 다리로
걷게 하자

이족 보행, 어려운 도전

로봇을 두 다리로 걷게 하는 건 정말 대단한 도전입니다. 다리 하나를 공중에 띄우면 나머지 하나의 다리로 몸 전체의 균형을 잡아야 하니까요. 기다란 막대기를 손바닥 위에 올려서 쓰러뜨리지 않고 세우는 놀이를 해 본 적 있나요? 막대기를 몇 초 동안 세우기도 쉽지 않습니다. 하나의 다리로 균형을 유지하는 것은 막대기 세우기 놀이와 비슷합니다. 물론 걷는 동안 하나의 다리로 균형을 유지하는 시간은 아주 짧지만 말입니다. 하지만 아주 천천히 걸을 때는 한 다리로 좀 더 오래 균형을 잡고 버텨야 하는데요. 그래서 천천히 걷는 것이 빨리 걷는 것보다 더 힘이 듭니다.

아무튼 사람들은 대부분 이렇게 불안정한 동작으로 별 어려움 없이 걸어 다니고 있습니다. 매일 걷다 보니 별로 어렵지 않다고 생각하는 것 같습니다. 그러나 다리의 건강이 조금이라도 안 좋아지면 잘 걷지 못하는데요. 이때서야 두 다리로 걷는 것이 얼마나 어려운 일인지를 깨닫게 됩니다.

왜 휴머노이드 로봇인가?

그런데 왜 이렇게 어려운 두 다리로 걷는 일을 로봇에게 하라고 하는 걸까요? 강아지나 고양이처럼 네 다리로 다니면 쉬울 텐데 말입니다. 사실 로봇 공학자 중에는 다리 두 개 달린 인간형 로봇, 즉 휴머노이드 로봇보다 다리 네 개 달린 견마형 로봇을 만드는 일을 좋아하는 사람이 많습니다. 보스턴 다이내믹스에서 만든 빅독과 스팟 로봇이 대표적인 다리가 네 개 달린 로봇입니다.

반면 다리 두 개 달린 인간형 로봇을 만드는 일을 좋아하는 사람도 있습니다. 제가 두 개의 다리로 걷는 이족 보행 로봇을 좋아하고 설계하는 이유는 명확합니다. 로봇이 사회에서 잘 적응하고 유용하게 쓰였으면 하는 바람 때문입니다. 만약 로봇을 산이나 들 같은 험한 야외 환경에서 써야 한다면 저도 다리 네 개 달린 로봇을

보스턴 다이내믹스의 스팟 로봇

만들지도 모르겠습니다. 그러나 인간이 많이 살고 있는 도시 같은 환경에서 써야 한다면, 더구나 우리가 살고 있는 집 안이나 사무실에서 써야 한다면 다리 두 개, 팔 두 개 달린 휴머노이드 로봇이 더 일을 잘할 것이라고 생각합니다.

잠시 책 읽는 것을 멈추고 고개를 들어 주변을 한번 둘러보세요. 얼마나 많은 사물이 인간이 사용하기 편하게 만들어졌는지 볼 수 있을 것입니다. 의자, 책상, 책장, 싱크대, 찬장, 문, 문손잡이, 계단…… 수없이 많은 사물이 우리가 쉽게 사용할 수 있도록 설계되어 있습니다. 인간을 닮은 로봇을 만들면 로봇도 이 모든 사물을 잘 사용할 수 있게 되겠죠. 다리가 네 개인 로봇보다 두 개인 로봇이 의자에 앉기 좋고, 싱크대 위 선반에 놓인 물건을 잘 집을 수 있습니다. 다리가 두 개인 로봇은 몸이 얇기 때문에 인간이 겨우 지나갈 수 있는 좁은 공간도 쉽게 들어갈 수 있고요.

결국 로봇이 우리가 살고 있는 일상의 공간에서 다양하고 많은 일을 잘 해내려면 이족 보행이라는 어려운 일을 해낼 수 있어야 합니다. 그럼 이제 앨리스가 두 다리로 걸을 수 있도록 차근차근 다리를 설계해 봅시다.

다리의 자유도 결정하기

앨리스의 팔을 만들기 위해 앞에서 자유도라는 개념을 배우고, 6 자유도로 설계하기로 했습니다. 6 자유도를 선택한 이유는 삼차원 공간에서 모든 곳에 닿을 수 있는 최소의 숫자가 6이기 때문이라고 했고요. 다리도 팔과 마찬가지로 6 자유도, 즉 6개의 관절로 설계하겠습니다. 물론 더 많은 자유도로 다리를 만든다면 좀 더 자연스러운 걸음걸이가 되겠죠. 하지만 모터의 개수가 많아지면 무게가 늘어나고 제어도 복잡해져서 일단 최소 숫자인 6으로 결정하려고 합니다. 사실 로봇 중에는 5 자유도로 만들어지는 작은 로봇들도 있는데요. 이 로봇들은 걸음걸이가 상당히 제한되어 아주 부자연스럽게 걸을 수밖에 없습니다. 그런데 앨리스는 키가 1m가 훨씬 넘는 큰 로봇이기 때문에 최소한 6개의 자유도를 가져야 잘 걸을 수 있습니다.

무릎 모터 선정하기

다리 관절 중에 가장 먼저 설계해야 하는 부분은 어디일까요? 엉덩이, 무릎, 발목 중 어느 관절이 가장 힘을 많이 받을까요? 저는 무릎이라고 생각합니다. 로봇의 무릎은 사람의 관절과 많이 다른데요. 사람은 엉덩이, 즉 골반 근육의 힘이 가장 셉니다. 골반 근육이 발달할수록 다리 전체의 힘이 좋아지고, 더 빨리 달릴 수 있기 때문입니다. 그리고 인간은 다리의 자유도가 많아서 다양한 동작을 자연스럽게 할 수 있습니다.

로봇 다리의 자유도는 6개밖에 안 되기 때문에 무릎을 펴고 걸을 수 없습니다. 만약 인간처럼 자유도를 높여서 무릎을 펴고 걸을 수 있다면 로봇도 무릎이 아닌 엉덩이 쪽 관절을 가장 먼저 생각해야겠지요. 그런데 로봇 다리의 자유도를 높이면 모터가 많이 들어가야 하기 때문에 무게가 무거워지고 동시 제어도 어려워집니다. 팔 만들기에서 말했듯이 가볍고 힘센 모터가 있다면 로봇 다리의 자유도를 더 높일 수 있을 테지만요.

아무튼 우리는 앨리스 다리의 자유도를 6개로 결정했기 때문에 앨리스가 약간 구부정하게 걷게 만들 수밖에 없습니다. 이때 앨리스의 무릎 관절에 힘이 가장 많이 들어갑니다. 혹시 휴머노이드 로봇이 무릎을 구부리고 걷는 동영상을 본 적 있나요? 아시모, 휴보, 아틀라스 같은 유명한 로봇도 무릎을 구부리고 힘들게 걷는데요. 6개의 자유도로 걷기 때문입니다. 우리 인간도 로봇처럼 무릎을 구부리고 걸어 보면 무릎에 얼마나 많은 힘이 들어가는지 느낄 수 있습니다. 결국 로봇은 무릎에 가장 많은 힘이 들어가기 때문에 무릎 관절에 쓸 모터를 신중하게 정해야 합니다.

무릎 모터는 앉았다 일어났다 하는 동작을 기준으로 선정하는 것이 좋습니다. 맨손 체조 중에는 스쿼(Squat)이라고 제자리에 서서 무릎을 굽혔다 폈다 하는 운동이 있는데요. 스쿼을 한다고 생각하면 어떤 동작인지 이해하기 쉬울 것입니다. 사람도

스쿼 동작을 하는 앨리스

스콧 동작을 하면 무릎이 아프다고 느끼는데요. 무릎에 가장 힘이 많이 들어가는 동작이기 때문입니다. 그래서 스콧 동작을 기준으로 삼는 것이 가장 안 좋은 조건을 고려해 모터를 선정하는 좋은 방법입니다. 같은 이유로 많은 로봇 공학자가 로봇의 동작을 시험할 때 앉았다 일어났다 하는 스콧 동작을 첫 시험 항목으로 쓰곤 합니다.

다리 관절 모터 정하기

앨리스는 초등학교 고학년 학생과 비슷한 135cm 키의 로봇이고, 허벅지와 종아리의 길이는 각각 25cm, 발목 길이가 7.5cm입니다. 앨리스의 몸무게를 30kg 목표로 설정했으니 무릎의 토크는 스콧 동작에서 몸무게를 들어 올릴 수 있도록 설정하면 되겠습니다. 몸무게 30kg에 허벅지 길이 25cm를 곱하면 무릎의 토크가 나오겠네요. 즉 30kg×0.25m=7.5kgf.m의 토크가 필요합니다. 표준 토크 단위인 뉴턴 미터로 환산하면 대략 73.5Nm의 토크가 필요합니다. 팔 모터의 토크를 정했던 것처럼 계산된 값보다는 약간의 여유를 잡아야 하기 때문에 80Nm 급의 토크를 낼 수 있는 모터로 선정하겠습니다. 상당히 힘센 모터를 구매해야겠네요.

큰 힘을 내는 좋은 모터를 구매하려면 재료비가 많이 듭니다. 제가 좋아하는 모터 제품 중에 80Nm 급의 토크를 낼 수 있는 모터가 있는데요. 가격이 정말 엄청나게 비쌉니다. 지금 이 순간이 앨리스의 재료비가 갑자기 올라가는 때입니다. 모든 제품이 그렇겠지만 로봇을 만드는 일은 특히 재료비와 싸움입니다.

저에게 우리 몸에서 가장 자유롭게 움직이는 관절을 고르라고 한다면 저는 어깨와 엉덩이 관절을 꼽습니다. 그리고 어깨와 엉덩이 중 어떤 관절이 더 잘 움직이냐고 묻는다면 엉덩이 관절이라고 대답합니다. 그만큼 로봇 설계를 할 때 엉덩이 관절에 많은 정성과 노력을 들입니다.

그래서 우리 앨리스의 엉덩이 관절도 자유롭게 잘 움직이라고 3 자유도로 설계하겠습니다. 그리고 3개의 모터가 한 점을 중심으로 움직이게 해서 극강의 효과를 내 보겠습니다. 우선 3개의 모터가 90도로 마주 보게 하고, 회전축이 모두 한 점에서 만나도록 구형 관절 모양으로 만들겠습니다. 양다리를 곧게 펴고 서 있는 자세에서 오른쪽과 왼쪽 방향으로 90도를 돈다고 생각해 봅시다. 상체가 돌아갈 때 같은 방향으로 다리도 움직입니다. 3개의 모터 중이렇게 다리를 좌우로 움직이게 해 주는 모터의 토크는 그렇게 크지 않습니다. 하지만 다리를 앞뒤로 흔들거나 옆으로 크게 벌리는 등 큰 동작을 만드는 모터에는 큰 토크가 필요합니다. 물론 무릎

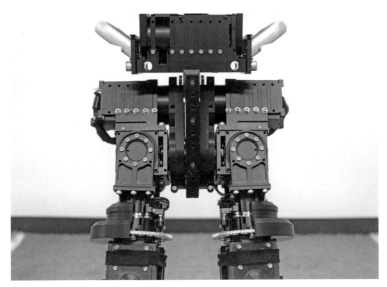

3 자유도로 설계한 앨리스의 엉덩이 관절

만큼의 토크가 필요하지는 않습니다. 그래도 축구 경기에서 공을 세게 차는 과격한 동작을 만들어 내려면 무릎 정도의 토크를 낼 수 있는 모터를 쓰는 것이 좋습니다. 그래서 다리를 앞뒤로 흔드는 방향의 모터와 다리를 옆으로 벌리는 방향의 모터는 80Nm 급으로 선정하겠습니다. 다리를 좌우로 움직이는 방향의 모터는 반 정도 되는 40Nm 급으로 선정하면 적당해 보입니다.

이제 발목 모터를 선정하면 되겠네요. 사실 발목은 걷는 동작만 보면 그렇게 힘이 많이 들어가는 부분은 아닙니다. 하지만 앉았다가 일어나는 동작에서 발목에도 무릎의 절반만큼 힘이 들어가기

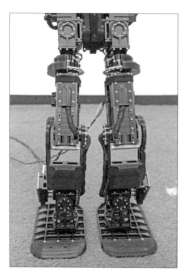
앨리스의 다리 설계 마무리

때문에 40Nm 급으로 선정하면 좋겠네요. 만약 태권도의 옆차기 같은 동작을 만들어야 한다면 발목에 힘이 많이 들어갈 텐데요. 앨리스는 로봇 태권브이가 아니라 친한 친구 같은 로봇이고, 과격한 동작이라면 축구를 할 때 슛하는 정도입니다. 앨리스에게 옆차기 같은 과격한 동작이 필요하지는 않겠네요. 아무튼 발목에 발을 앞뒤로 움직이는 방향과 발목을 좌우로 움직이는 방향, 총 2개의 모터를 40Nm 급으로 선정하도록 하겠습니다.

팔과 다리에 들어갈 모터를 선정하는 단계가 끝났네요. 팔을 설계했던 것과 마찬가지로 강성이 높은 다리 프레임으로 설계를 마무리하도록 합시다. 이제 신체의 골격은 어느 정도 갖춘 것 같습니다.

두 발로 걷게 만들기

앨리스의 골격이 완성되었으니 이제 두 발로 걷게 만들 차례입니다. 사람은 대략 한 살 무렵부터 두 발로 서서 걷는 훈련을 시작합니다. 여러분은 혹시 어렸을 때 어떻게 걷는 훈련을 했는지 기억하나요? 아마 어떻게 걷게 됐는지 기억하는 사람은 거의 없을 것입니다. 우리는 지금 두 발로 잘 걸어 다니지만, 어떻게 넘어지지 않고 균형을 유지하는지 원리를 아는 사람은 거의 없을 것입니다. 그만큼 인간은 너무나 자연스럽게 두 발로 걸어 다니고 있습니다. 심지어 걸으면서 딴생각도 하고, 스마트폰에 정신이 팔려 주변을 보지도 않고 걷죠. 참 신기한 장면이 아닐 수 없습니다. 그러나 우리는 두 다리만으로 걷는 원리와 방법을 로봇 앨리스에게 전수해 주어야 합니다. 이제부터는 우리가 어떻게 두 다리로 걸을 수 있는 건지 유심히 관찰해야겠습니다.

걷는 방법을 알려면 COP(Center Of Pressure) 개념을 공부해야 합니다. COP를 한국말로 번역하자면, 압력 중심점이라고 할 수 있겠네요. 더 간단하게 줄여서 압력점이라고 하겠습니다. 압력점은 발이 땅을 디디고 있을 때 발바닥 내에서 가장 힘을 많이 받고 있는 곳이라고 생각하면 됩니다. 우리가 걷는 동안에는 이 압력점의 위치가 계속 변합니다. 한 다리를 땅에서 떼어 앞으로 움직이는 동안 다른 쪽 다리는 땅을 짚고 있어야 합니다. 이때 압력점은 땅을 짚고 있는 다리의 발바닥 안쪽에 있어야 하겠죠.

만약 압력점이 발바닥 밖으로 벗어나면 몸은 압력점이 벗어나는 방향으로 붕 뜨게 됩니다. 이 현상을 이용하면 달리기와 점프를 잘할 수 있습니다. 하지만 의도치 않게 압력점이 발바닥을 벗어나게 되면 넘어지는 불상사가 벌어집니다. 그래서 로봇을 걷게 만들 때는 압력점이 발바닥 안쪽에 오도록 잘 조절해야 합니다. 한쪽 다리를 들어 앞으로 움직일 때 땅을 짚고 있는 나머지 다리의 압력점을 왼발 안쪽에서 오른발 안쪽으로, 또 오른발 안쪽에서 왼발 안쪽으로 시기적절하게 움직여 주면 로봇은 넘어지지 않고 잘 걷게 됩니다. 이것이 로봇 이족 보행의 핵심 원리입니다.

발바닥 안쪽에 위치한 압력점

그러면 어떻게 해야 압력점을 적절히 이용할 수 있을까요? 일단 압력점이 어디 있는지 측정할 수 있다면 좋겠지요. 압력점의 위치를 측정할 수 있다면 압력점이 발바닥 안쪽에 있는지 바깥쪽에 있는지 알 수 있을 테니까요. 압력점을 측정하기 위해서 가장 많이 쓰는 센서는 힘/토크 센서입니다. 영어로 힘(Force)과 토크(Torque)의 앞자를 따서 F/T 센서라고도 부릅니다. F/T 센서는 힘과 토크를 측정해서 힘이 어디에 얼마나 들어가고 있는지 알려 주는 센서인데요. F/T 센서를 발바닥에 장착하면 발바닥 어디쯤에 압력점이 있는지 알 수 있습니다.

압력점의 위치를 알면 압력점을 우리가 원하는 곳으로 옮겨서 이족 보행 시 로봇이 넘어지지 않게 할 수 있습니다. 여기서 압력점의 이동은 로봇의 무게 중심 이동과 밀접한 관계가 있습니다. 로봇의 무게 중심은 로봇을 설계할 때 알 수 있는데요. 기계를 설계할 때 가장 많이 쓰는 도구인 3D CAD를 이용해서 물체의 무게 중심이 어디에 있는지 알 수 있습니다. 우리도 앨리스의 무게 중심이 어디에 있는지 면밀하게 체크해서 걷게 만들 때 사용합시다.

사람은 보통 무게 중심이 배꼽 부분에 있습니다. 우리가 단전이라고 말하는 곳에 무게 중심이 있는 사람이 많습니다. 앨리스도 골반 밑부분에 무게 중심을 두어 사람과 비슷한 비율을 만들려고 합니다. 그러려면 머리, 몸통, 팔다리의 프레임을 설계할 때 무게 중심을 3D CAD로 체크하면서 크기와 모양을 만들어야 합니다.

앨리스의 무게 중심이 골반쯤 있다고 하면, 골반의 위치 이동을 통해 압력점의 이동을 계산할 수 있습니다. 무게 중심과 압력점의 관계를 수학적인 수식으로 나타낸 방정식이 많은데, 가장 쉽고 대표적인 방정식은 ZMP(Zero Moment Point) 관계식입니다.

ZMP는 모멘트가 0이 되는 지점이라는 뜻입니다. 모멘트를 한국말로 번역하면 회전하려는 힘이라고 말할 수 있는데요. 회전하려는 힘은 움직이는 물체의 모든 부분에 생깁니다. 그리고 어딘가에는 모멘트가 발생하지 않는 지점도 생기는데, 이곳을 ZMP라고 부릅니다. ZMP의 위치는 많은 경우에 있어서 압력점의 위치와 동일합니다. 그래서 ZMP 관계식을 풀어서 ZMP 위치를 알게 되면 그곳을 압력점이라고 생각하고 보행에 이용할 수 있습니다. ZMP 관계식을 보면 조금 복잡해 보이는데요. 대학교 과정 수학을 배우면 어렵지 않게 풀 수 있는 방정식입니다.

$$y_{ZMP} = \frac{\sum_{i=1}^{6} m_i(\ddot{z}_{ci}+g)y_{ci} - \sum_{i=1}^{6} m_i\ddot{y}_{ci}z_{ci}}{\sum_{i=1}^{6} m_i(\ddot{z}_{ci}+g)}$$

무게 중심과 압력점의 관계를 나타낸 ZMP 관계식

ZMP 수식을 잘 보면 로봇의 무게 중심 위치(y_c, z_c)와 무게 중심의 가속도($\ddot{y}_c$, $\ddot{z}_c$)를 넣으면 ZMP의 위치(y_{ZMP})가 나오게 되어 있습니다. 참고로 m은 무게, g는 중력 가속도입니다. 이 식을 잘 풀어내면 로봇의 무게 중심의 위치에 따라 압력점이 어디에 있는지 계산할 수 있습니다. 로봇의 다리, 즉 무릎과 발목의 모터를 움직이면 로봇의 몸이 움직이고, 무게 중심이 있는 골반도 움직입니다. 다시 말해서 로봇의 무게 중심은 다리 모터의 움직임을 통해 제어할 수 있습니다. 그리고 ZMP 관계식을 풀어서 압력점의 위치가 어디에 있는지도 알 수 있습니다. 이렇게 다리의 모터를 잘 조종하면 압력점을 발 안쪽에 두면서 로봇을 이동시킬 수 있습니다.

다리의 모터를 잘 조종한다는 것은 무엇일까요? 로봇이 앞으로 걸으려고 한쪽 발은 땅을 짚고, 다른 쪽 발은 앞쪽으로 움직이고 있다고 상상해 봅시다. 이때 땅을 짚고 있는 다리를 어떻게 움직이냐에 따라 골반의 움직임이 결정됩니다. 땅을 짚고 있는 발을 뒤로 움직이도록 명령하면 어떻게 될까요? 이미 땅을 짚고 있기 때문에 뒤로 움직일 수 없을 것입니다. 대신 골반이 앞쪽 방향으로 움직이겠죠. 우리도 뒷걸음질을 칠 때 골반이 앞으로 가지 않나요?

로봇의 발과 다리의 움직임을 제어하면 골반, 즉 무게 중심을 원하는 대로 제어할 수 있습니다. 그리고 ZMP 식에 무게 중심의 움직임을 넣으면 압력점의 위치를 알 수 있게 되는 것이죠. 조금 어렵나요? 결국 로봇의 다리 모터를 조정하면 압력점을 발 안쪽에 두며 안정적으로 움직일 수 있다는 것만 알아도 훌륭합니다.

거기에 F/T 센서로 더 확실하게 압력점의 위치를 알 수 있겠지요. 다리의 모터를 잘 제어하면 로봇을 원하는 곳으로 움직이게 하면서 압력점이 발바닥 안쪽에 위치하도록 할 수 있습니다. 그러면 로봇은 넘어지지 않고 두 다리로 걸을 수 있게 됩니다.

생각보다 조금 복잡해 보이나요? 우리가 건너온 과정이 그렇게 쉬운 과정은 아니기 때문에 이족 보행을 잘하는 로봇이 많지는 않은 것 같습니다. 그래도 우리는 어떻게 하면 앨리스가 두 다리로 걸을 수 있는지 알았습니다. 그러니 이 어려운 과정을 앨리스의 컴퓨터가 풀 수 있도록 프로그래밍해서 두 다리로 걷게 만들 것입니다.

6장

안전한
친구 로봇으로
만들고 싶어

로봇은 사람에게 안전한 존재가 되어야 합니다

　로봇을 만드는 공학자의 입장에서 로봇을 처음 본 사람들의 반응을 지켜보는 것은 참 흥미롭습니다. 대부분의 사람은 인간처럼 움직이는 로봇을 보면 신기해하며 다가갑니다. 신기한 물건을 눈앞에서 보는 것은 재미있는 경험이니까요. 하지만 로봇이 너무 가까이 다가오면 사람은 순간 멈칫하며 뒤로 물러서게 됩니다. 안전에 위협을 느끼면 본능적으로 피하게 되기 때문입니다. 반대로 만나고 싶던 반가운 사람이 다가올 때는 악수를 청하거나 포옹을 하는 등 가깝게 다가가기도 합니다. 안전하다고 느끼는 사람을 자신의 공간 안으로 초대함으로써 서로 친밀감을 높이는 것입니다.

로봇이 갖춰야 할 기능 중 가장 중요한 것은 안전이 아닐까요? 아무리 잘 만든 로봇이라도 안전하다는 보장이 없다면 우리가 사용할 수 없는 위험한 기계일 뿐이니까요. 인간이 같이 사는 사회가 만들어진 근본적인 힘 또한 다른 사람이 나에게 해를 끼치지 않을 것이라는 믿음 때문입니다.

사람은 산속에 혼자 있을 때보다 마을에서 함께 지낼 때 더 큰 안정감을 느낍니다. 해를 끼치지 않는 것을 넘어 우리가 서로를 보호해 줄 것이라는 믿음 때문입니다. 우리 앨리스가 친구 같은 존재가 되기 위해서는 사람들에게 안전하다는 믿음을 줄 수 있어야겠습니다. 어떻게 해야 로봇이 안전한 존재가 될 수 있을까요? 사람은 어떻게 안전사고가 발생하지 않도록 주의하며 함께 잘 지내는 걸까요?

인간의 상황 대처 능력

사람들은 매일 다양한 환경 속에서 살아갑니다. 아침 일찍 집에서 나와 학교에 가기 위해 버스나 지하철을 타고, 직장에 가려고 자동차를 운전하기도 합니다. 친구를 만나려고 가 본 적 없는 동네에 가기도 합니다. 처음 가는 길을 걷고, 처음 보는 문을 열고 새로운 공간에 들어갑니다. 울퉁불퉁 험한 길을 걸어가고, 처음 보는 컵에 물을 따라 마시기도 합니다. 이렇게 사람은 경험해 본 적 없는 수많은 환경에 적응하며 안전하게 살아가고 있습니다. 그 원리가 무엇일까요? 우리에게는 너무 당연한 일상이라 깊이 생각해 본 적이 없었던 것 같습니다.

사람이 어떤 행동을 할 때 눈으로 보고 귀로 듣고 판단한 뒤에 움직이는 경우는 많지 않습니다. 단지 시각과 청각을 통해 들어오는 정보를 처리하는 기관이 대뇌피질이기 때문에 눈과 귀로 판단한다고 생각하는 것뿐입니다. 사실은 피부를 통해 느껴지는 촉각 정보와 무거운 물건을 드는 등 힘을 쓸 때 근육에서 느껴지는 힘의 정보를 바탕으로 상황을 파악하는 경우가 많습니다.

식탁에 놓인 물컵을 들어 물을 마신다고 해 봅시다. 우리는 꼭 물컵을 눈으로 본 뒤에 손으로 잡지 않습니다. 눈으로 보지도 않고 대충 손을 뻗어서 손끝에 닿았다는 촉각을 느끼면 컵을 쥐고 들어 올립니다. 컵을 들어 올릴 때 팔 근육의 힘 정보를 바탕으로 컵을 들고 있다는 것을 확인하며 움직일 수 있습니다. 단지 이 모든 감각과 판단이 대뇌가 아닌 곳에서 이루어져서 인식하고 있지 못할 뿐 우리 몸은 부지런히 일하고 있습니다.

사람이 걸을 때는 발바닥에서 느껴지는 촉각과 발목에서 느껴지는 힘의 정보가 신경계로 전달되어서 현재 걷는 상태를 인지합니다. 그러면 신경계는 걷기 위한 명령을 다시 만들어 근육에 보냅니다. 이 과정은 끊임없이 반복되며 대뇌는 관여하지 않습니다. 생각을 담당하는 대뇌가 관여하지 않기 때문에 우리는 아무 생각을 하지 않아도 걸을 수 있게 됩니다. 걸으면서 얘기도 하고, 스마트폰도 보고, 엉뚱한 상상도 하죠. 우리 몸은 이렇게 분업하면서 많은 일을 동시에 할 수 있습니다.

그런데 만약 돌부리에 걸리거나 어깨에 무언가 부딪히는 상황이 벌어지면 문제는 달라집니다. 비상 상황에 대처하려면 생각을 담당하는 대뇌에서 명령을 내려 줘야 합니다. 비상 상황은 워낙에 다양한 경우의 수가 많기 때문에 대뇌 정도는 되어야 상황에 맞는 명령을 만들어 낼 수 있습니다. 그래서 아무 생각 없이 걷다가 돌부리에 걸리면 일단 급한 대로 중추 신경계가 반사 행동을 하도록 근육에 명령을 보내 넘어지지 않게 만듭니다. 그 뒤 대뇌에서 상황에 맞는 생각을 하게 만듭니다.

친구들과 얘기하며 걷다가 땅이 움푹 패여 있는 것을 모르고 발을 헛디뎌 넘어진다면 어떻게 될까요? 발이 땅에 닿으면 발바닥에서 힘이 느껴져야 하는데, 힘이 느껴지지 않으니 신경계에서는 정상적이지 않은 상황이라고 판단할 것입니다. 그래서 넘어지지 않게 만드는 동작, 예를 들면 팔을 휘젓거나 허리를 굽히는 등 반사행동을 하라고 근육에 명령할 것입니다. 대뇌에서 처리하기 전이

중추 신경계 반응 뒤에 이뤄지는 대뇌 작용

기 때문에 생각하지도 못한 순간 반사 행동이 나올 겁니다. 대뇌에서 위험한 상황이 있었다는 것을 뒤늦게 알아차린 뒤 옆에 있던 친구에게 괜찮다는 말을 하게 될지도 모르겠습니다.

　이 모든 일은 우리가 촉각과 힘을 느낄 수 있기 때문에 할 수 있는 일입니다. 그리고 우리는 이런 행동을 통해서 서로에게 위험한 행동을 하지 않을 수 있게 됩니다. 만약 실수로 다른 사람과 부딪치거나 발을 밟게 되면 대뇌에서는 상황을 파악하고 사과를 하라는 명령을 만들겠지요.

로봇이 힘을 느끼게 만들기

로봇은 프로그래밍된 대로 움직이는 기계입니다. 걸으라는 명령을 만들어 적절한 신호를 다리 관절 모터에 보내면 로봇은 걷게 됩니다. 그런데 이런 단순한 명령만 보내면 사람과 부딪치는 상황이 벌어져도 로봇은 계속 걸으려고 할 것입니다. 그렇게 되면 사람이 움직이는 로봇에게 얻어맞을 수도 있겠네요. 그런 일이 벌어지면 사람들은 로봇을 위험하다고 느껴서 사용하지 않을 것입니다.

로봇도 사람처럼 힘을 느낄 수 있어야 합니다. 그리고 정상적이지 않은 힘이 느껴지면 멈추거나 안전한 상황으로 만들 수 있도록 빠르게 행동해야 합니다. 마치 사람이 반사적으로 행동하는 것처럼 빠르게 대처해야 합니다. 로봇에게 힘을 느끼게 하기 위해서는 힘을 측정할 수 있는 센서를 설치해야 합니다. 앞에 앨리스를 걷게 만들 때 언급했던 F/T 센서가 여기에도 쓰입니다. F/T 센서가 가장 필요한 부위는 세상과 가장 먼저 접하는 손과 발이겠지요. 그래서 앨리스의 손목과 발목에 F/T 센서를 설치하려고 합니다. 힘을 측정할 수 있다면 그 정보를 가지고 상황을 판단할 수 있을 것입니다.

또, 뉴턴의 운동 법칙을 적용하면 로봇을 더 자연스럽게 조종할 수 있습니다. 뉴턴의 운동 법칙 $F=ma$는 힘은 질량과 가속도의 곱과 같다는 개념입니다. 이 법칙을 적용하면 로봇은 짐을 들고 나를 수 있고, 사람들과 자연스럽게 악수도 할 수 있게 됩니다. 힘(Force)을 알게 되면 로봇의 질량(Mass)은 저울로 측정해서 알고 있으니까 로봇이 움직이는 가속도(Acceleration)를 $F=ma$ 식으로 계산할 수 있습니다. 계산된 가속도를 적분하면 속도를 알 수 있고, 속도를 적분하면 위치를 알 수 있으니 로봇이 움직이는 모든 것을 계산할 수 있게 됩니다. 이 모든 과정에서 필요한 것이 바로 물리와 수학인데요. 그래서 로봇을 잘 만들려면 수학과 물리를 할 줄 알아야 합니다.

위험한 상황을 감지하는 앨리스

아무튼 앨리스에게 F/T 센서를 부착해서 힘을 느끼게 만들고, 그 힘 정보를 바탕으로 F=ma 식을 계산해 봅시다. 그러면 앨리스는 돌부리에 걸리거나 누군가와 부딪히는 등 위험한 상황을 알아차릴 수 있습니다. 그리고 상황에 대응하는 명령을 만들어 각 관절 모터에 적절한 신호를 보내 주면 앨리스도 사람처럼 빠르게 대처할 수 있습니다. 이렇게 위험한 상황에 바로바로 대처하게 되면 비로소 우리 앨리스는 안전한 로봇이 될 수 있습니다. 사람들이 앨리스가 위험한 기계가 아니라고 받아들일 수 있어야 우리는 앨리스를 친구 같은 로봇으로 만들 수 있을 것입니다. 이제 앨리스를 만드는 목표에 많이 다가간 느낌이 드네요.

넘어지지 않게 만들기

앨리스를 움직이게 하려니 불안한 점이 하나 더 있네요. 바로 균형 잡기입니다. 앞에서 외부의 상황을 감지하고 대처하는 기술에 대해 배웠는데요. 외부의 상황이 아닌 앨리스 내부의 시스템이 잘못돼서 위험한 상황이 벌어질 수 있습니다. 균형을 잃는 것이 대표적인 예입니다. 이때는 아무리 F/T 센서를 이용해 반사적으로 움직이게 만든다고 해도 충분히 대처하지 못할 수 있습니다.

앨리스가 균형을 잃고 넘어지면서 사람과 부딪히기라도 하면 누군가 다칠 수도 있습니다.

항상 그래 왔듯 사람을 먼저 관찰해 보겠습니다. 사람은 어떻게 균형을 잡을까요? 사람의 귀에는 반고리관이 있습니다. 반고리관은 몸의 움직임을 감지하는 감각 기관입니다. 몸이 회전할 때 민감하게 작동하죠. 그래서 급격한 움직임에도 몸이 기울어지고 있다는 것을 빠르게 알아차릴 수 있습니다.

넘어진다는 신호가 감지되면 척수에서는 반사적으로 동작 명령을 만들어 냅니다. 팔을 휘적대거나 허리나 엉덩이를 움직이는 등 균형을 유지하려는 동작을 하게 만들죠. 우리가 이런 동작들을 의식적으로 생각하지 않아도 몸이 저절로 움직입니다. 대뇌에서 만들어진 명령이 아니라서 저절로 된다고 생각할 수 있지만, 실제로는 척수에서 내린 명령을 근육이 수행하는 것입니다. 이런 동작을 만들어 내는 것을 반사 신경이라고 부르는데요. 로봇에게는 로봇 용어를 사용해서 보정이라고 부르겠습니다.

보정 명령은 넘어지는 종류에 따라 크게 네 가지가 있습니다. 제일 약한 보정은 넘어지는 반대 방향으로 발목이나 무릎, 골반 등 다리 관절을 움직여서 몸의 중심을 유지하는 것입니다. 울퉁불퉁한 길을 걸어갈 때 우리는 발목과 무릎에 힘을 주어 과하게 움직이거나 엉덩이를 앞뒤로 움직이는 방법으로 균형을 유지합니다.

다리 관절로 중심 잡기　　　　　　　　　허리를 사용해 중심 잡기

좀 더 큰 보정이 필요할 땐 허리까지 이용합니다. 허리를 갑자기 숙이거나 뒤로 젖혀서 몸의 중심을 잡습니다. 길을 걷다가 무언가와 부딪히거나 누가 뒤에서 툭 하고 밀 때 이런 식으로 균형을 잡습니다. 몸의 중심을 유지하려면 반발력을 만들어 내는 것이 중요한데, 허리는 우리 몸에서 가장 큰 반발력을 만들어 내는 관절이기 때문입니다.

허리의 움직임만으로 보정이 안 되는 큰 힘이 가해졌을 때 우리는 팔까지 이용하게 됩니다. 팔을 허공에서 마구 돌리면 몸의 중심을 유지할 수 있는 반발력이 생깁니다. 그래서 보기에 조금 우스꽝스러울지 몰라도 양팔을 마구 휘두르면 넘어지지 않을 수 있습니다.

| 팔을 사용해 중심 잡기 | 넘어지는 방향으로 먼저 가 중심 잡기 |

　그런데 누군가가 일부러 뒤에서 세게 밀면 아무리 팔을 휘저어도 중심을 잡기 힘든 상황이 벌어질 수 있습니다. 이때는 최후의 방법으로 걷거나 뛰어야 합니다. 넘어지는 방향으로 빠르게 걸어서 넘어지는 위치보다 먼저 발이 닿으면 넘어지지 않을 수 있습니다. 신체가 건강한 사람은 위 네 가지 방법을 상황에 따라 적절하게 사용해 균형을 유지하며 위험하지 않게 살아가고 있습니다.

　앨리스에게도 같은 전략을 사용하면 좋을 것 같습니다. 일단 반고리관 역할을 하는 움직임 감지 센서를 장착해야 합니다. 자이로 센서를 사용하면 로봇의 움직임을 감지할 수 있습니다. 자이로 센서는 현재 관성 센서라고 부르는 IMU(Inertial Measurement Unit) 센서로 진화되어 널리 사용되고 있습니다. IMU 센서는 흔히 스마트폰에 장착되어 있습니다. 스마트폰이 기울어지는 것을 감지해 화면을 원위치로 돌리거나 가속도를 측정해 걸음 수를 계산하기도 합니다. 사실 좋은 IMU 센서는 탄도 미사일이나 드론의 핵심 부품이라서 수출을 규제하는 품목이기도 합니다.

IMU 센서가 장착된 앨리스는 이제 균형을 잃을 때 이상 신호를 감지할 수 있게 되었습니다. 앨리스가 넘어지지 않기 위해서는 측정된 이상 신호의 양에 따라서 사람처럼 위의 네 가지 보정 명령을 만들어 내야 합니다. 약한 이상 신호에서는 발목과 무릎을 좀 더 움직여서 무게 중심을 유지하고, 다리 관절로는 보정할 수 없는 신호가 측정되면 허리를 굽히거나 젖혀야 합니다. 그것으로도 부족한 강한 이상 신호라면 팔을 휘젓고, 마지막으로는 앞으로 걷거나 뒤로 걸어야 넘어지지 않을 수 있습니다. 이런 보정 기능이 들어간 앨리스라면 이제 사람들과 함께 살아도 마음이 놓일 것 같습니다.

7장

우리는 밥으로,
앨리스는 전기로
충전!

앨리스에게 전기 공급해 주기

로봇이 움직이는 데 가장 먼저 필요한 것은 무엇일까요? 질문을 바꿔서, 사람이 움직이려면 무엇이 제일 필요할까요? 밥이 아닐까요? 우리는 음식을 먹어야 몸을 잘 움직일 수 있지 않나요? 사람은 식사를 한두 끼니만 건너뛰어도 배가 고파서 쓰러질 것 같다고 느낍니다. 음식을 먹고 소화해야 에너지를 얻을 수 있기 때문입니다. 그리고 그 에너지는 몸의 여러 기관을 움직이는 원동력이 됩니다. 사람뿐만 아니라 동식물, 심지어 기계도 움직이려면 에너지가 필요합니다. 로봇 또한 움직이기 위해서 에너지가 필요한데, 로봇은 사람과 달리 전기 에너지를 사용합니다. 그래서 로봇을 움직이게 하려면 전기를 공급해 줘야 합니다.

전기를 공급하는 방법은 냉장고, TV, 세탁기처럼 전원 코드 선을 이용하는 방법과 스마트폰처럼 배터리를 사용하는 방법으로 나눌 수 있습니다. 로봇이 한 장소에서 움직이지 않고 일한다면 전원 코드 선을 쓰는 것이 유리합니다. 공장에서 사용하는 산업용 로봇 팔을 생각하면 되겠네요. 이런 경우에는 선만 꽂으면 되기 때문에 에너지 공급에 대한 걱정은 하지 않아도 됩니다.

그런데 로봇이 자유자재로 움직인다면 전원 코드 선을 사용할 수 없기 때문에 배터리를 써야 합니다. 여기서 문제가 발생합니다. 배터리는 전기를 무한정 공급하는 것이 아니라서 충전된 만큼만 쓸 수 있습니다. 더구나 우리가 만들려는 휴머노이드 로봇 앨리스가 움직이려면 큰 힘이 필요하기 때문에 전기 소모도 많을 것입니다. 전기를 많이 소모하면 그만큼 배터리도 빨리 닳습니다. 오래 움직이려면 용량이 큰 배터리를 장착해야 합니다. 그런데 용량이 큰 배터리는 크고 무겁습니다. 크고 무거운 배터리를 장착하면 움직이기 위해 더 큰 힘

사람은 밥으로, 로봇은 전기로 충전

공장에서 사용하는 산업용 로봇 팔

이 필요하게 됩니다. 그러면 로봇은 더 많은 전기를 소모하게 되겠죠. 결국 배터리가 클수록 전기 소모가 많아집니다. 모터와 프레임 설계 단계에서 나왔던 무게의 악순환이 또 등장했네요. 끝나지 않는 미궁으로 빠지는 것 같습니다.

이차 전지를 쓰자

작고 가벼우면서 많은 전력을 담을 수 있는 배터리를 장착하는 것은 로봇의 성능을 향상시키는 가장 중요한 요소 중 하나입니다.

리튬 이온 전지, 리튬 폴리머 전지 등 이차 전지는 스마트 디바이스, 전기 자동차와 함께 발전해 왔습니다. 리튬 계열 배터리의 개발과 발전은 로봇에게도 참 고마운 기술입니다.

그러나 리튬 배터리가 장점만 있는 것은 아닙니다. 리튬은 화학적으로 매우 불안정한 원소이기 때문에 실온에서 발화의 위험이 있습니다. 공기와의 접촉도 위험하지만 물과의 접촉도 위험한 물질이 리튬입니다. 지하에 주차해 놓은 전기 자동차가 충전 중 폭발하고 전동 킥보드가 불에 타는 등 배터리 폭발 사고에 대한 뉴스를 본 적 있나요? 종종 들리는 안타까운 소식입니다. 그만큼 리튬을 기본 재료로 만드는 이차 전지는 사용하기 참 까다롭습니다. 충전할 때도 조심해야 하고, 배터리 케이스가 상하지 않도록 안전을 위해 만전을 기해야 합니다.

리튬 배터리는 허용 범위를 넘어서면 수명과 성능이 급속하게 저하되기도 합니다. 스마트폰을 사용할 때도 배터리를 너무 많이 쓰면 충전해 달라는 경고가 뜹니다. 배터리 수명이 줄어 성능이 떨어지는 것을 막기 위해 경고하는 것입니다. 스마트폰은 충전도 잘해야 하는데요. 너무 큰 전압으로 빠르게 충전하면 배터리의 수명이 떨어지고, 스마트폰을 사용할 때 배터리 소모도 빨라집니다. 그래서 우리가 평소에 사용하는 스마트폰, 태블릿 피시, 노트북, 킥보드, 전기 자동차 등 이차 전지를 사용하는 기계는 대부분 충전과 사용 두 가지를 잘 조절할 수 있는 장치가 설치되어 있습니다.

배터리 전압 선정하기

배터리에 대한 기본 지식을 쌓았으니 이제 본격적으로 앨리스의 배터리를 선정하겠습니다. 제일 먼저 정해야 하는 것은 배터리의 전압입니다. 단위는 볼트(V, Volts)입니다. 모든 전기 기기는 사용할 수 있는 전압이 미리 정해져 있습니다. 가정용 전기 제품의 경우 한국에서는 220V의 전기 제품만 쓸 수 있고, 미국에서는 110V의 제품만 쓸 수 있습니다. 보통 노트북은 9V, 12V, 15V 등의 전압을 쓰고, 스마트폰은 주로 3.7V를 씁니다. 우리도 앨리스가 쓰는 전압을 정해야 하는데 일단 14.8V로 선택하겠습니다.

그 이유는 로봇에 장착하는 모터와 컴퓨터가 전압을 얼마나 사용하는지와 연관되어 있는데요. 앞에서 결정한 모터나 컴퓨터는 보통 12V 제품이 많습니다. 앨리스에게 구체적으로 전압을 정하진 않았지만, 우리도 12V를 사용하는 모터와 컴퓨터로 선정했기 때문입니다. 그런데 앨리스의 배터리를 12V로 선정하지 않고 14.8V로 정한 이유는 리튬 계열의 배터리 전압이 3.7V의 배수로 제작되기 때문입니다. 리튬 배터리를 생산하는 공장에서는 3.7V

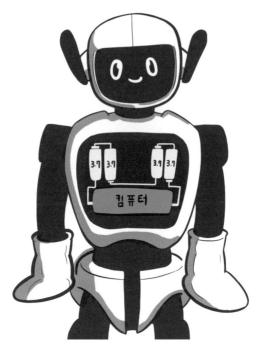

14.8V의 배터리를 넣은 앨리스

전압의 배터리만 생산하는데, 이것을 직렬로 계속 연결하면 전압을 증가시킬 수 있습니다. 숫자를 곱해서 쓴다고 생각하면 됩니다. 3.7V 배터리 2개를 직렬로 연결하면 전압은 7.4V가 됩니다. 그래서 리튬 배터리는 전압이 3.7의 배수로 증가하고, 우리는 7.4V, 11.1V, 14.8V, 18.5V, 22.2V의 배터리를 구매할 수 있습니다. 리튬 배터리를 선정할 때는 이 중 자신의 로봇에게 사용하려는 전압을 고르면 됩니다. 그리고 배터리는 사용하는 기기보다 조금 높은 전압으로 선택해야 합니다. 앨리스에 장착할 모터와 컴퓨터는 12V를 사용하기 때문에 배터리는 12V보다 조금 높은 14.8V로 선정하겠습니다.

앨리스가 사용하는 전류값 알아내기

다음으로 알아야 하는 것은 전류입니다. 전류의 단위는 암페어(A, Ampere)인데, 암페어는 쉽게 말해 전기를 얼마나 세게 사용하는지 알려 주는 단위입니다. 앨리스가 걷는 데 전류를 얼마나 소비할까요? 앨리스가 얼마나 전기를 세게 사용하는지는 계산하기가 참 어렵습니다. 왜냐하면 힘이 많이 드는 일을 할 때는 전기를 세게 사용하고, 힘이 덜 드는 일을 할 때는 전기를 약하게 쓰기 때문입니다. 그래서 설계할 때는 최악의 조건, 즉 힘을 많이 쓸 때를 기준으로 잡는 것이 좋습니다.

모터는 힘을 많이 낼 때 큰 전류를 사용하고, 컴퓨터는 계산을 많이 할 때 전류를 더 사용합니다. 모터나 컴퓨터같이 전기를 사용하는 제품의 스펙을 보면 전류를 가장 많이 쓸 때의 값이 표기되어 있습니다. 앨리스에 사용되는 모터의 최대 전류값을 모두 더하고, 컴퓨터의 최대 전류값을 모두 더하면 20A라는 큰 수가 나옵니다. 전류가 20A면 상당히 큰 값입니다. 그런데 이 값은 모든 모터가 동시에 큰 힘을 쓰는 동시에 컴퓨터도 최대로 계산한다는 조건으로 구한 값입니다. 실제로는 20A의 절반 정도인 10A 정도가 되지 않을까 싶습니다. 이것은 저의 경험으로 얻은 결과라 논리적인 설명이 쉽지는 않습니다. 저의 노하우라고 하겠습니다. 아무튼 논리적이지는 않을지라도 경험적으로 우리 앨리스의 최대 전류값을 10A라고 생각하도록 하겠습니다.

배터리 용량 선정하기

배터리 선정의 마지막 단계는 배터리가 얼마나 많은 전기를 담을 수 있는지 용량을 정하는 것입니다. 전기의 용량을 판단하기 위해서 일반적으로 와트(W, Watt)라는 단위를 씁니다. 정확히는 전력의 단위이죠. 하지만 로봇의 경우 배터리의 용량을 실질적으로 사용하기 편하게 만들기 위해서 밀리암페어 아워(mAh, miliAmpere hour)라는 단위를 더 많이 씁니다. 여기서 말하는 밀리암페어(mA)는 사용 전류 암페어(A)의 천분의 일 단위입니다. 즉, 1A는 1,000mA와 같습니다. 이것은 길이 단위에서 1m를 1,000mm라고 쓰는 것과 같은 원리입니다. 암페어는 전류에서 매우 큰 단위이기 때문에 로봇 공학자들은 암페어보다 작은 단위인 밀리암페어를 더 즐겨 씁니다.

h는 시간입니다. 즉, mAh는 전류와 시간을 곱한 단위입니다. 예를 들어 5,000mAh라는 배터리가 있다고 하면 5,000mA의 전류를 한 시간 동안 쓸 수 있다는 표시입니다. 만약 이 배터리를 500mA의 전류로 사용한다면 500mA의 전류를 열 시간 쓸 수 있다는 것을 의미합니다. 따라서 앨리스가 전류를 얼마나 소모하는지 알면

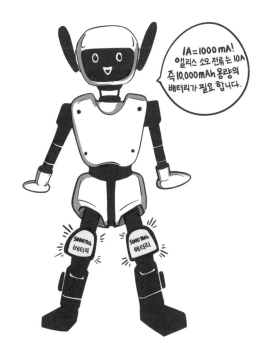

앨리스의 배터리 용량 계산

앨리스를 몇 시간 사용할 수 있는지 알 수 있습니다.

앨리스의 소모 전류가 10A 즉, 10,000mA라고 했으니 한 시간을 사용하려면 10,000mAh 용량의 배터리가 필요하겠네요. 이 정도 용량의 배터리를 검색해 보니 대략 3kg 무게에 20cm 길이의 정말 크고 무거운 배터리가 나옵니다. 이런 큰 배터리를 어디에 넣을지 정말 막막한데요. 앨리스의 설계도를 보니 허벅지의 빈 공간이 눈에 들어옵니다. 허벅지는 2개이니까 5,000mAh의 배터리 2개를 선정해 각 다리에 하나씩 설치해 보려고 합니다.

만약 배터리 기술이 더 발전해서 삼차 전지가 나오면 어떨까요? 가볍고 작은 데다 지속 시간도 길어진 배터리를 쓸 수 있다면 앨리스를 더 오래 사용할 수 있을 것 같은데요. 현재 기술로는 한 시간 정도 사용하고 충전할 수밖에 없습니다. 화학 기술의 발전이 로봇 기술의 발전에 중요한 요소라고 생각하기는 쉽지 않겠지만, 사실은 화학과 로봇은 아주 밀접하게 연결되어 있습니다.

자, 이제 그럴듯한 몸체에 움직일 수 있는 에너지까지 갖추었으니 앨리스가 세상과 만날 때가 온 것 같습니다.

8장

우리는 감각으로,
앨리스는 센서로
느끼는 세상

감각이란 무엇일까?

로봇은 혼자서만 일하는 것이 아니라 우리 주변에서 사람에게 도움이 되어야 합니다. 그러려면 로봇은 주변에서 어떤 일이 벌어지는지 항상 알고 있어야 하겠죠. 그래야 도움이 필요한 사람을 발견하고, 상황에 맞는 적절한 도움을 줄 수 있을 것입니다. 마찬가지로 앨리스도 주변 상황을 잘 파악할 수 있어야 합니다. 지금까지 우리는 앨리스의 기능을 만들기 위해 인간에 대해서 먼저 살펴봤는데요. 이번에도 인간이 어떻게 주변 상황을 파악하는지 관찰해 보겠습니다.

인간은 먼 거리에서 벌어지는 일을 파악하기 위해서 눈에 들어오는 빛의 정보를 사용합니다. 흔히 우리가 '본다'라고 표현하는 시각 정보입니다. 뇌는 시각 정보를 처리하기 위해 상당히 많은 에너지를 소모하고 있습니다. 그래서 생각에 몰두하고 싶을 때는 눈을 감아 시각 정보를 차단하면 생각에만 에너지를 쓸 수 있습니다. 잠을 잘 때 눈을 감는 것도 같은 이유입니다.

그러면 빛이 없는 곳에서는 어떻게 해야 할까요? 인간은 빛 외에도 공기의 움직임인 파동을 느낍니다. 흔히 우리가 '듣는다'라고 표현하는 소리, 즉 청각 정보입니다. 그래서 청각이 발달한 사람은 먼 곳에서 위험한 일이 일어난 것을 먼저 알고 대처하는 능력이 뛰어납니다. 앰뷸런스가 사이렌 소리를 내며 달리는 이유도 마찬가지입니다. 멀리 있는 운전자에게 위치를 알려서 길을 비켜 달라고 하는 것입니다.

인간에게는 공기 중에 섞여 있는 화학 물질을 파악하는 능력도 있습니다. 흔히 우리가 '냄새를 맡는다'라고 표현하는 후각 정보입니다. 인간은 몸에 나쁜 물질을 냄새로 알아차리고, 맛있는 음식을 찾아내기도 합니다. 후각 정보는 생사를 좌우하는 아주 중요한 정보입니다.

촉각도 빼놓을 수 없는 중요한 정보입니다. 흔히 '만진다'라고 표현합니다. 촉각 정보를 통해서 주변에 어떤 존재가 있는지 파악할 수 있습니다. 물체가 얼마나 부드러운지 딱딱한지 알 수 있고,

집을 수도 있습니다. 충격을 받으면 아프다고 느끼기 때문에 다음에는 다치지 않으려고 조심하게 됩니다. 촉각은 인간을 인간답게 만드는 아주 중요한 정보입니다.

이렇게 감각이라는 정보 파악 능력을 통해 인간은 주변 상황을 인지하고 대처해 나갑니다.

감각 이용하기

인간의 뇌는 시각을 통해 들어온 빛 정보를 처리하기 위해 매 순간 상당히 많은 일을 하고 있습니다. 청각, 후각, 촉각, 미각 등 다른 감각에 집중하려면 눈으로 들어오는 정보를 차단해야 할 정도입니다. 좋아하는 노래가 나와서 음악에 집중하고 싶을 때, 맛있는 요리가 나와서 음식을 음미하고 싶을 때, 좋은 향수를 고르려고 향기를 맡을 때, 연인과 포옹할 때 서로의 온기를 잘 느끼기 위해서 인

눈을 감고 청각에 집중하는 모습

간은 자연스럽게 눈을 감곤 합니다. 시각 정보를 차단하면 다른 감각에 집중하게 되는 것을 느낄 수 있습니다.

영화를 만드는 분들은 이런 현상을 참 잘 이용하는 것 같습니다. 영화관에서 공포 영화를 본 적이 있나요? 공포 영화는 어두컴컴해서 화면이 잘 보이지 않습니다. 관객들은 시각 정보가 차단되기 때문에 청각에 온 신경을 집중하게 됩니다. 청각이 극도로 민감해진 상태에서 갑자기 큰 소리를 들으면 관객들은 보통 때보다 더 깜짝 놀라게 됩니다.

후각은 생존에 꼭 필요한 기능입니다. 몸에 안 좋은 화학 물질은 인간의 목숨을 위협하는 치명적인 물질이기 때문입니다. 그래서 우리는 해로운 화학 물질에 가까이 가면 악취를 맡고 코를 막기도 합니다. 진화 생물학적으로 본다면 인간은 냄새를 통해 주변의 화학 물질을 잘 파악하고, 멀리서 일어나는 일도 잘 들을 수 있어야 살아남을 확률이 높아진다고 해석할 수 있겠습니다.

로봇이 다양한 감각 느끼게 만들기

앨리스가 잘 보고, 잘 듣고, 냄새를 잘 맡을 수 있어야 인간에게 도움을 주는 로봇이 되지 않을까요? 그래야 우리가 "앨리스야, 저게

뭐야? 이게 무슨 냄새야? 무슨 소
리 안 들려?"라고 물었을 때 앨리
스가 우리가 필요로 하는 정보를
바로 알아낼 수 있으니까요.

앨리스의 시각 정보인 카메라

인간은 시각을 통해 사물을 인
식하고 세상을 바라봐 왔습니다.
세상을 보는 기계도 수백 년 전부
터 개발되어 왔습니다. 최근에는
풍경이나 사람의 모습을 그대로
재현해 내는 기계도 흔해졌죠. 바로 카메라입니다. 카메라는 스마
트폰이나 노트북 등에 당연히 기본 사양으로 들어갈 정도로 흔히
사용되고 있습니다. 카메라를 장착하면 시각 정보를 앨리스의 컴
퓨터에 전달하는 것은 어렵지 않을 것입니다.

소리를 듣는 것도 로봇이 우리와 같이 살아가기 위해서 꼭 필요
한 기능입니다. 우리는 대부분 대화를 통해 로봇과 의사소통을 할
것입니다. 그런데 로봇이 우리가 하는 말이 무슨 뜻인지 모르면 의
사소통이 제대로 되지 않을 것입니다.

로봇 친구가 소리를 잘 듣고, 그 소리가 어떤 의미인지 파악하
게 하려면 어떻게 해야 할까요? 가장 먼저 생각나는 것은 마이크
입니다. 우리는 오래전부터 가수나 배우가 말하는 것을 듣고 기록

하기 위해 라디오, TV 등 많은 음향 기기를 만들었습니다. 아주 훌륭한 기계들입니다. 마이크는 공기의 떨림을 전기 신호로 바꿉니다. 전기 신호를 스피커에 연결하면 소리로 바뀌어서 우리가 들을 수 있게 됩니다. 이 원리를 이용해서 인간은 백 년 전에 전화기를 만들었습니다. 그래서 멀리 떨어져 있는 사람과 대화를 하는 마법을 부릴 수 있게 되었습니다. 우리 앨리스에게도 마이크와 스피커를 장착해서 듣고 말할 수 있게 만들겠습니다.

이번에는 후각으로 넘어가 보도록 합시다. 과연 로봇이 사람처럼 냄새를 맡을 수 있을까요? 사실 인간의 코는 정말 잘 만들어진 걸작이라서 로봇이 인간만큼 냄새를 잘 맡게 하기는 쉽지 않습니다. 하지만 오래전부터 전자 코를 만들기 위한 개발이 진행되고 있습니다.

전자 코는 화학 작용을 이용해 공기 중의 화학 물질을 파악하는 기계라고 보면 되는데요. 소형 선풍기같이 생긴 팬을 통해 공기를 흡입한 뒤 어떤 화학적인 성분이 섞여 있는지 분석해 냅니다. 여기서 화학 작용이란 A라는 화학 물질이 B라는 화학 물질을 만나서 C라는 새로운 화학 물질이 만들어지는 것을 말합니다.

우리가 B라는 화학 물질을 상자에 넣었다고 가정해 보겠습니다. 그런데 어느 날 갑자기 B가 C로 변했다면 공기 중에 A가 있다는 것을 추정할 수 있겠지요. 거기에 C가 얼마나 많이 만들어졌

느지 파악할 수 있다면 공기 중에 A가 얼마나 있는지도 알 수 있게 됩니다. 그래서 C가 만들어지면서 전기 신호가 발생하면 전자 코가 나올 수 있습니다. C뿐만 아니라 다른 화학 물질에 반응하는 D, E, F 등 다른 물질도 전기 신호를 발생할 수 있게 한다면 정말 훌륭한 전자 코가 만들어지겠지요.

전자 코에 대한 설명이 조금 어렵나요? 실제 사례를 예로 들어 보겠습니다. 한국생명공학연구원 감염병연구센터 권오석 박사팀은 상한 고기를 감별하는 전자 코를 만들었습니다. 상한 고기에서는 카다베린과 푸트레신이라는 특유의 화학 물질이 발생합니다.

전자 코로 냄새를 맡는 앨리스

권오석 박사팀은 이 화학 물질과 반응해 전기 신호를 만들어 내는 화학 물질을 개발했고, 이를 토대로 전자 코를 만들었습니다.

요즘에는 나노 바이오 기술 분야의 발전과 더불어서 화학 반응을 전기 신호로 바꾸는 탄소 나노 튜브, 그래핀 등을 이용한 방법이 활발하게 개발되고 있습니다. 아직 개발 단계라서 완벽하지는 않지만 앨리스에게 전자 코를 장착하면 왠지 요리를 잘하는 로봇이 될 것 같네요. 이 기능은 옵션으로 해 두겠습니다. 만약 전자코가 잘 개발되면 그때는 기본 사양으로 장착해 볼까 합니다.

이제 앨리스는 보고, 듣고, 말하고, 비록 옵션이지만 냄새도 맡을 수 있는 로봇이 되었습니다. 세상에 나갈 준비가 차근차근 진행되고 있네요. 조금만 더 개발하면 우리 곁에서 함께 지낼 수 있는 로봇이 될 것 같습니다.

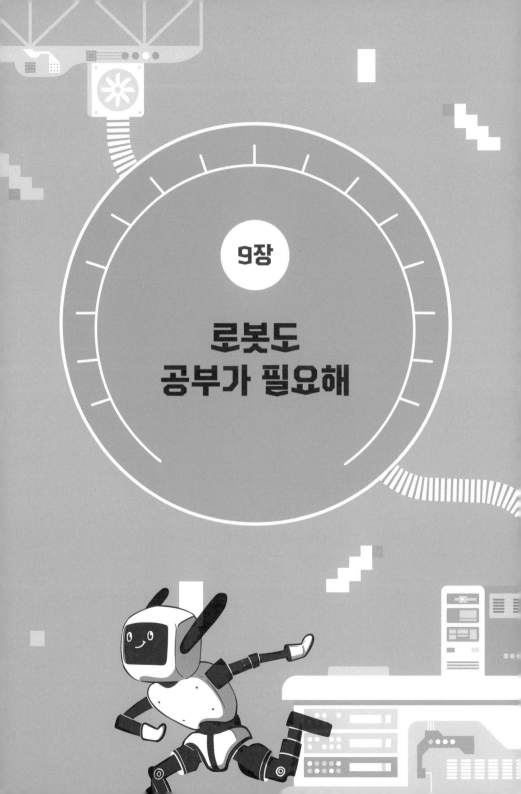

9장

로봇도
공부가 필요해

똑똑해지려면 로봇도 공부해야 해

앨리스는 움직일 능력을 갖추었고, 주변에서 무슨 일이 벌어지는지도 알아차릴 수 있습니다. 이제 세상에 나올 준비가 된 것 같은데요. 사실 충분하지 않습니다. 우리는 아직 앨리스에게 지능을 주지 않았기 때문입니다. 로봇의 지능, 즉 인공 지능(AI, Artificial Intelligence)을 개발해야 합니다.

인공 지능을 잘 만들려면 어떻게 해야 할까요? 최소한 사람을 만났을 때 반갑게 인사 정도는 할 수 있어야 하지 않을까요? 축구를 잘하려면 공과 골대가 어디 있는지 알아야 하고, 공을 막고 서 있는 사람을 피해서 길을 찾을 수 있어야 합니다. 그리고 경기장에서 자신이 지금 어디에 서 있는지 알 수 있어야 합니다. 더 나아가 인간이 수행하기 어렵고 귀찮은 일들을 알아서 척척 처리할 수 있으면 좋겠습니다. 그런데 이런 인공 지능 프로그램을 만드는 것이 참 쉽지 않습니다. 뒤에 자세히 설명하겠지만, 인공 지능의 기초 재료가 되는 데이터를 모으고 다루는 것이 정말 어렵기 때문입니다.

인간의 유추 능력

시선을 잠시 돌려서 인간들을 살펴볼까요? 인간은 어떻게 세상의 모든 사물을 알아보는 걸까요? 아기들은 잠에서 깨면 부모님 또는 자신을 보호해 주는 사람과 눈을 맞춥니다. 그리고 곧 보호자를 알아봅니다. 말을 배우고 나서는 쉴 새 없이 주변 사람에게 질문합니다. "이게 뭐예요?", "저건 뭐라고 하나요?" 누가 강요하는 것도 아닌데 눈앞에 보이는 사물들이 무엇인지 궁금해하며 이름을 알려고 합니다. 왜 그러는 걸까요? 솔직히 저도 잘 모르겠습니다. 어렸을 때는 기억도 잘 안 나고, 아이들이 그러는 이유도 잘 모르겠습니다.

어려서부터 사물을 파악하려 노력했던 인간들은 나이가 들수록 더 똑똑해져서 사물의 종류를 쉽게 알아냅니다. 가방을 예로 들어 볼까요? 세상에는 수많은 디자인의 가방이 있지만, 어떤 가방을 보여 줘도 우리는 그것이 가방이라고 알아봅니다. 심지어 가방의 어디를 잡아야 들고 다닐 수 있는지도 알고 있습니다. 어떻게 된 일일까요? 우리는 수천 종류의 가방을 모두 다 알고 있는 것일까요? 가방 전문가가 아닌 이상 그 많은 종류의 가방을 전부 아는 사람은 없을 것 같습니다. 이렇게 비슷한 사물을 하나의 묶음으로 인지하는 능력을 유추 능력이라고 부릅니다. 인간은 참 유추를 잘하는 존재입니다.

인간의 유추 능력이 어떻게 뛰어나게 되었는지는 잘 모르겠지만 한 가지는 분명합니다. 사물을 잘 구분하는 사람이 생존할 확률이 훨씬 높다는 것입니다. 사냥을 나갔을 때 멀리서 달려오는 생물이 호랑이인지 토끼인지 빨리 알아챈 사람은 그렇지 못한 사람보다 생존할 확률이 높습니다. 다가오는 존재가 호랑이라면 가장 먼저 도망간 사람이 생존할 것이고, 토끼라면 가장 먼저 쫓아가서 잡은 사람이 굶어 죽지 않을 것 같습니다. 인간은 살아남고, 더 잘 살기 위해 사물을 빠르게 구분하는 능력을 키우려고 노력했는지도 모르겠습니다.

실제로 우리는 길가에 휙 지나가는 고양이를 보면 "어, 고양이다!"라고 순식간에 알아봅니다. 심지어 "와, 귀여워"라고 말하는 사람도 있죠. 그 짧은 순간에 어떻게 귀여운 모습까지 알아봤는지 정말 신기할 따름입니다. 그렇게 순식간에 지나간 동물이 고양이인지 강아지인지 어떻게 알았을까요?

그러면 인공 지능은 어떨까요? 불과 십 년 전만 해도 인공 지능은 개와 고양이의 사진을 보면 어떤 사진이 개이고 고양이인지 구분하지 못했습니다. 개와 고양이는 모두 다리가 네 개이고, 털이 복슬복슬하고, 꼬리를 살랑살랑 흔들며 귀가 쫑긋합니다. 공통점이 많기 때문에 논리적인 사고방식으로는 개와 고양이를 구분해

유추 능력이 뛰어난 인간

내기가 참 어렵습니다. 인공 지능은 논리적인 판단을 놀라운 속도로 빠르게 하는 것이 큰 장점인데, 사물 인식에는 그 장점이 별로 쓸모가 없어 보입니다.

그런데 사람은 어떻게 사물을 그렇게도 잘 구분하는 것일까요? 수백 종의 개와 고양이를 모두 외우고 있어서 그런 걸까요? 심지어 시베리안 허스키와 치와와는 체형이 수십 배나 차이가 나는데도 우리는 두 생명체를 모두 개라고 말합니다. 참 신기한 능력입니다.

인공 지능 학습

사람은 살면서 많은 사물을 익혀 나갑니다. 그리고 비슷비슷한 사물들을 하나로 묶어서 구분하기도 합니다. 그렇다면 인공 지능에게 논리적으로 판단하는 기능을 버리고 사람처럼 유추 능력을 갖게 하면 개와 고양이 정도는 잘 구분할 수 있지 않을까요?

인공 지능을 연구하는 사람 중에는 인간의 뛰어난 유추 능력을 연구한 분들도 있습니다. 그들은 인간의 뇌 구조를 본떠서 인공 지능 프로그램을 만들려고 했습니다. 그래서 신경망(Neural network)이라는 것을 연구했습니다. 인간의 뇌는 수많은 뉴런과 시냅스가 반복적으로 연결되어 이루어져 있는데요. 이들은 이런 뇌의 신경 구조를 컴퓨터의 코드로 구현한 신경망 인공 지능 프로그램을 만들었습니다.

신경망 인공 지능은 인간의 유추 능력을 본떠서 만들어졌기 때문에 유추를 통한 사물 인식을 잘하려면 인간처럼 공부를 해야 했습니다. 그래서 우리가 책을 보며 공부하는 것처럼 인공 지능 프로그램에게 데이터를 입력하고 공부를 시켰습니다. 이것이 인공 지능 학습입니다.

인공 지능 학습 중인 앨리스

인공 지능 학습에 대해 좀 더 알아볼까요? 인공 지능 프로그램에 고양이와 강아지의 사진 데이터를 입력하면 퀴즈를 푸는 것처럼 사진의 동물이 고양이인지 강아지인지 맞춥니다. 이때 답이 맞으면 맞게 만든 변수들의 숫자를 높이고, 틀렸다면 틀리게 만든 변수들의 숫자를 낮춥니다. 그렇게 수많은 고양이와 강아지의 사진을 입력해 퀴즈를 계속 풀게 함으로써 신경망 프로그램의 판단을 담당하는 변수들을 계속 업데이트해 나갑니다. 결국 고양이와 강아지 사진이 많이 입력되어 학습을 열심히 한 프로그램은 나중에 어떤 사진을 보더라도 고양이인지 강아지인지 잘 판단하게 되었습니다.

데이터가 중요하다

로봇이 사물을 잘 알아보게 만들려면 인공 지능 프로그램에게 사진 데이터를 열심히 입력해 주어야 합니다. 현재의 인공 지능 프로그램은 인간처럼 유추 능력이 뛰어나지 않아서 사진 몇 장만 보고 어떤 사물인지 구분해 내는 것을 힘들어합니다. 대신 인공 지능을 담당하는 컴퓨터는 아주 성실하기 때문에 수천, 수만, 수십만의 사진을 줘도 묵묵히 학습합니다. 사람은 대부분 같은 일을 몇 번만 반복해도 지쳐서 포기하는데 말이죠.

데이터가 많으면 많을수록 인공 지능은 점점 똑똑해져서 인간처럼 사물을 인식하고 유추 능력을 발휘할 수 있습니다. 사물의 사진을 인공 지능 프로그램이 알아볼 수 있게 가공해서 입력하고 학습시키면 똑똑한 인공 지능 프로그램이 만들어지는 것입니다.

인공 지능의 핵심은 데이터라는 말을 많이 합니다. 그래서 데이터를 석유에 비유하기도 합니다. 석유는 그 자체로는 별 값어치가 없지만 정제하면 휘발유와 경유가 되고, 플라스틱 같은 각종 석유 화학 물질로 만들면 산업을 움직이는 기본 재료가 됩니다. 마찬가지로 각종 SNS에 떠돌아다니는 사진과 동영상은 그 자체로는 별로 의미가 없습니다. 하지만 잘 가공해서 데이터로 만들고, 인공 지능 프로그램에 입력해 학습시키면 인공 지능은 많은 일을 해낼 수 있게 됩니다. 우리가 지금까지 상상하지 못했던 산업을 인공 지능이 만들어 낼 수도 있겠죠. 그것을 우리는 4차 산업혁명이라고 부르고, 이를 토대로 새로운 세상이 만들어지고 있습니다.

소리를 듣게 하기

사물 인식도 중요하지만 앨리스가 우리와 의사소통하려면 인간의 말을 알아들어야 합니다. 마이크를 통해 소리 정보가 들어오는 데, 그 정보가 어떤 소리인지 로봇이 스스로 알아내야 합니다. 전기 신호로 전환된 소리는 그저 전기 신호일 뿐 아무런 의미가 없습니다. 마이크를 통해 만들어진 수많은 전기 신호 중 인간이 한 말이 어떤 것인지 구분할 수 있어야 하고, 더 나아가 인간의 말이 어떤 뜻인지도 알아내야 합니다.

우리가 "앨리스야, 물 좀 갖다 줘!"라고 말했을 때 자기 이름을 알아들어야 하고, "물", "갖다 줘"라는 말을 이해하고 수행할 수 있어야 합니다. 이 모든 것은 쉬운 일이 아닙니다. 우리가 쉽게 할 수 있다고 해서 쉬운 일이라고 생각하는 건 큰 오산입니다. 인간이 쉽게 하는 일이 로봇에게는 어려운 일인 경우가 많습니다.

마이크를 통해 전기 신호로 변환된 데이터가 무슨 뜻을 의미하는지 어떻게 알 수 있을까요? 최근에 인공 지능 스피커가 흔하게 보급되면서 주변에서 재미있는 상황을 보곤 합니다. TV에다 대고 "누구야, 뉴스 좀 틀어 줘", "누구야, 어떤 노래 좀 틀어 줘" 하면 스피커가 그 말을 알아듣고 뉴스를 틀어 주고 노래도 찾아서 들려줍니다. 정말 신기합니다. 어떻게 만든 것일까요? 우리도 앨리스에 이 기능을 넣을 수 있을까요?

이런 기능을 음성 인식이라고 부릅니다. 음성 인식은 사람이 하는 말의 의미를 파악하는 기술입니다. 음성 인식 기술을 만들어

소리를 학습하는 음성 인식

내기 위해서 많은 과학자가 정말 오랫동안 연구했습니다. 현재 음성 인식에 사용되는 방식은 사물 인식에서 썼던 신경망 프로그램을 응용하는 것입니다. 사물 인식이 사진을 학습했다면 음성 인식은 소리를 학습합니다.

수많은 사람이 '물'이라는 단어를 말한다고 해 보겠습니다. 물이라는 말을 전기 신호로 바꾸면 사람마다 다른 전기 신호가 만들어집니다. 도저히 같은 단어를 말했다고 볼 수 없을 정도입니다. 이렇게 종잡을 수 없이 다양한 소리 신호를 논리적으로 프로그래밍해서 알아듣게 만드는 것은 불가능해 보입니다.

그래서 인공 지능 신경망 프로그램에 물을 뜻하는 수많은 단어의 음성 데이터를 입력하면서 학습시킵니다. 학습량이 많아지면 많아질수록 인공 지능 프로그램은 누가 말하더라도 물이라는 것을 추정할 수 있게 됩니다.

인공 지능 스피커는 수많은 사람이 말한 수많은 단어를 데이터로 학습시킨 결과물입니다. 아직 못 알아듣는 경우도 많지만 시간이 지나면서 많은 말을 들으며 말귀를 잘 알아듣게 될 것입니다. 그렇게 우리 앨리스에게도 사물 인식 인공 지능 신경망 프로그램이외에 또 다른 인공 지능 신경망 프로그램을 설치해서 음성 데이터를 학습시키면 좋을 것 같습니다.

인공 지능은 인간의 지능보다 뛰어난가?

현재 딥 러닝을 비롯한 학습 기반의 인공 지능 프로그램은 눈부시게 발전하고 있습니다. 대한민국 시민들 대부분은 딥 러닝이라는 말을 알고 있는 아주 특별한 사람들입니다. 지구상 어느 나라도 우리나라처럼 딥 러닝이라는 전문 용어를 잘 알고 있는 곳은 드물 것입니다. 2016년 서울 광화문에서 이세돌 9단이 알파고에게 패한 사건으로 우리는 딥 러닝이라는 말을 잘 알고 쓰게 되었습니다.

그럼 이제 인공 지능이 인간의 지능을 다 따라잡은 걸까요? 인간보다 월등히 똑똑한 기계의 탄생을 보게 되는 걸까요? 제 개인적인 생각으로는 인공 지능이 인간 정도의 능력을 가지려면 좀 더 많은 시간이 필요할 것 같습니다. 알파고가 최고수인 이세돌 9단을 이겼는데 무슨 소리를 하는 거냐고 할지도 모르겠습니다. 그런데 알파고는 바둑 두는 것밖에 할 줄 모르는 프로그램입니다. 반면 이세돌 9단은 바둑 두는 것 말고도 할 줄 아는 것이 많지요.

현재 인공 지능은 하나의 프로그램이 하나의 목적만 수행할 수 있는 낮은 수준에 머물러 있습니다. 인간처럼 예상하지 못한 일이 발생했을 때 임기응변으로 대처하는 능력은 갖추지 못했습니다. 아직 연구해야 할 기술들이 정말 많습니다. 하지만 지금까지 만들어진 인공 지능 기술로 해낼 수 있는 일 또한 정말 많습니다. 스마트폰만으로 사람의 얼굴과 음성을 인식할 수 있으니까요.

앨리스에게 데이터 주고 학습시키기

우리도 앨리스에게 사진을 비롯한 많은 데이터를 입력하겠습니다. 데이터를 입력한다는 것은 학습 프로그램에 데이터를 저장한 뒤 프로그램을 실행시키는 과정입니다. 일단 앨리스가 사람을 알아볼 수 있도록 만들어야 하지 않을까요? 사람의 사진 데이터를 많이 모아서 앨리스의 신경망 학습 프로그램에 입력시켜 주겠습니다. 그러면 앨리스는 사람이 지나갈 때 알아보고 반갑게 인사할 수 있겠죠. 조금 더 아이

축구장을 인식하는 앨리스의 시선

디어를 추가하자면 제 사진을 많이 찍어서 앨리스에게 입력하면 좋을 것 같습니다. 그럼 앨리스에게 다가갔을 때 저를 알아보고, 저만을 위한 특별한 행동과 말을 하게 만들 수 있으니까요. 앨리스를 충성심 높은 로봇으로 만들 수 있겠네요.

그리고 또 어떤 사진을 입력해야 할까요? 이 세상에 존재하는 모든 사물을 잘 알아봐야 하는데, 어디서부터 시작해야 할까요? 사실 이 부분이 가장 큰 문제입니다. 로봇에게 학습을 시켜 줘야 하는데, 그러기에 필요한 데이터가 너무 부족합니다. 그래서 인공지능에게 필요한 데이터를 확보하는 것이 중요한 일 중 하나가 되고 있습니다.

욕심을 조금 줄여서 1차 목표를 축구를 잘하도록 만드는 것으로 잡겠습니다. 그러면 일단 축구공을 잘 알아봐야겠지요. 축구공

뿐 아니라 골대, 축구장에 있는 중앙선이나 페널티킥 선도 인식할 수 있어야겠네요. 이런 데이터는 축구 방송 영상을 캡처해서 만들 수도 있고, 직접 축구장에 가서 사진을 찍을 수도 있습니다. 가능한 한 사진을 많이 모아서 앨리스의 학습 프로그램에 입력하도록 하겠습니다. 그러면 위의 사진처럼 앨리스는 골대나 경기장에 그어져 있는 선들을 알아볼 수 있습니다.

똑똑해진 앨리스

앨리스를 더 똑똑하게 만들고 싶다면 특정 사물과 그에 따른 음성을 학습시키면 되겠습니다. 저는 일할 때, 특히 로봇을 조립할 때 다양한 공구를 쓰는데요. 일하는 중에 필요한 공구가 주변에 없으면 작업을 멈추고 공구대에 가서 찾아와야 합니다. 정말 귀찮은 일이 아닐 수 없습니다. 하던 작업을 놓을 수가 없는 상황인데 공구가 옆에 없어서 난감한 경우도 종종 있습니다. 이럴 때 앨리스에게 필요한 공구를 가져오라고 시키면 참 편할 것 같습니다. "앨리스, 저기 가서 M3 육각 렌치 좀 가지고 와!"라고 말이죠. 그러면 앨리스는 M3 육각 렌치라는 말을 알아듣고 공구대에서 렌치를 찾아 저에게 가져다주는 겁니다. 참 편하고 쓸모 있는 로봇이 될 것

앨리스에게 좋은 선생님이 되어 주기

같습니다. 아이언맨의 자비스 정도는 못 되어도 자비스의 초기 버전 정도는 될 수 있지 않을까요?

결론적으로 앨리스가 물건의 종류를 구분하고, 사람을 알아보고 말을 잘 듣게 하려면 우리가 열심히 데이터를 모아야 합니다. 그리고 데이터가 너무 많이 필요해서 혼자 모으기 어렵다면 다른 사람들과 공유하면 좋겠죠. 그리고 앨리스가 열심히 공부할 수 있도록 좋은 환경을 만들어 주면 좋겠네요. 그렇게 우리는 앨리스가 똑똑해질 수 있도록 앨리스의 좋은 선생님이 되어야 합니다.

10장

앨리스,
감정을 표현하다

앨리스와 수다 떨고 싶어

이제 앨리스는 어떤 일을 시켜도 잘 해낼 것 같습니다. 그러나 로봇이 인간의 좋은 친구가 되려면 일 외에도 잘해야 하는 것이 많습니다. 가장 대표적인 것이 인간과의 감정 교류입니다. 우리가 힘들 때 위로의 말을 건네 주고, 기쁠 때 같이 기뻐해 주는 로봇이 인간의 진정한 친구가 될 수 있지 않을까요? 위로의 말을 건네려면 일단 대화를 잘할 수 있어야겠지요. 아이디어 회의 때 우리와 함께 수다를 떨 수 있는 로봇으로 목표를 잡았으니 수다를 떨 수 있도록 만들어 봅시다.

앞에서 우리는 음성 인식 인공 지능 학습을 통해 앨리스가 사람의 말을 알아들을 수 있도록 설계했습니다. 듣기가 된다면 다음 단계는 말하기겠지요. 말하기는 TTS(Text To Speech) 기술을 이용합니다. TTS는 우리가 키보드 자판으로 컴퓨터에 문자를 입력하면 그 문자를 스피커를 통해 말로 변환시키는 기술입니다. TTS는 오래전부터 개발되어 왔고, 이제는 누구나 쉽게 사용할 수 있을 정도로 잘 만들어진 프로그램이 많습니다. 물론 무료 프로그램도 많지만 돈을 약간 지불하면 부드럽게 말하는 좋은 프로그램을 쓸 수 있습니다. 듣기가 어렵지 말하는 것은 상당히 쉽게 구현할 수 있습니다.

듣고 말하기를 할 수 있으면 대화가 가능합니다. 그런데 문제는 로봇이 질문을 들었을 때 어떤 대답을 할지 결정하는 것입니다. 수다의 본질은 듣고 말하는 기능이 아니라 상대방이 듣고 싶은 적절한 대답을 해 주는 것이 아닐까요? 적절한 대답을 하려면 감정이 필요하겠네요.

로봇도 사람처럼 감정을 가질 수 있을까?

그러면 바로 '로봇이 사람처럼 감정을 가질 수 있을까?' 하는 의문이 듭니다. 로봇이 우리와 수다를 떨며 감정을 교류한다는 것은 인간과 같은 수준의 감정을 가진다는 말이 아닐까요? 그렇다면 로봇에게 감정을 프로그래밍해서 넣을 수 있을까요? 정말 대답하기 어려운 질문입니다. 저도 감정이 어떻게 만들어지는지 잘 모르기 때문입니다.

감정이란 무엇일까요? 어디서 생겨나고, 어떻게 작동하는 것일까요? 단지 뇌에서 만들어 내는 화학 물질인 호르몬에 의한 반응일까요? 인간은 도파민이 분비되면 즐거워지고, 도파민이 부족하면 우울해지는 단순한 생명체일까요? 우리가 느끼는 사랑이라는

감정을 느끼지 못하는 깡통 로봇

감정도 호르몬의 작용일 뿐일까요? 잘은 모르겠지만 무언가 더 많은 비밀이 있을 것 같습니다. 현대 과학이 많이 발달했지만 인간의 감정을 충분히 설명하기에 아직 부족한 것 같습니다.

우리도 감정이 어떻게 생겨나는지 잘 모르는데 어떻게 로봇에게 감정을 프로그래밍할 수 있을까요? 감정을 가진 로봇을 만드는 것은 아주 먼 미래에나 가능한 일이 아닐까 싶습니다. 그렇다면 로봇에게 감정을 프로그래밍하는 것은 불가능한 일일까요? 불가능하다면 친구 같은 로봇을 만드는 것 또한 불가능할까요?

로봇이 감정을 표현하게 만들기

로봇에게 인간의 감정을 프로그래밍하는 일이 불가능하다면 생각을 약간 바꿔 보는 건 어떨까요? 로봇이 인간처럼 감정을 느낄 수는 없어도 인간처럼 표현하는 것은 가능합니다. 성능 좋은 TTS 프로그램으로 로봇의 목소리에 슬픔과 기쁨의 감정을 넣어서 표현해 봅시다. 모니터나 빔 프로젝션으로 만들어진 얼굴이라면 우울함, 초조함, 설렘 등 감정을 표현하는 애니메이션을 만들어 화면으로 보여 주는 것은 어렵지 않아 보입니다.

로봇이 감정을 가진 것은 아닐지라도 인간의 감정에 맞춰서 적

로봇이 감정을 느낄 수 있을까?

절한 표현을 하는 것은 가능합니다. 인간은 참 감정을 잘 숨기지 못합니다. 표정에 감정이 고스란히 다 드러나곤 합니다. 이마, 눈썹, 눈, 코, 입, 턱, 뺨의 움직임을 찬찬히 관찰하면 지금 어떤 감정인지 높은 확률로 맞출 수 있습니다. 우리는 이것을 표정이라고 부릅니다.

표정을 만드는 얼굴 근육은 크게 40여 개로 분류할 수 있습니다. 이 근육들을 조합하면 300여 개의 표정을 만들어 낼 수 있습니다. 얼굴 근육의 움직임을 카메라로 찍고, 영상 인식을 통해 파악하면 인간의 감정 상태를 유추할 수 있습니다. 즉, 로봇에 설치된 카메라로 사람의 표정을 동영상으로 찍으면 그 사람의 감정 상태를 어느 정도 파악할 수 있다는 것입니다.

다시 처음 문장으로 돌아가 봅시다. 비록 감정을 느낄 수는 없어도 우리가 힘들 때 위로의 말을 건네 주고, 기쁠 때 같이 기뻐해 주는 로봇은 만들 수 있을 것 같습니다.

감정 반응 프로그래밍하기

앨리스에게 감정에 반응하는 프로그래밍을 구체적으로 설치해 보겠습니다.

❶ 현관문이 열리는 신호가 들어온다.

❷ 현관으로 접근한다.

❸ 사람이 들어오면 전방 1m까지 접근하고 멈춘다.

❹ 사람 얼굴의 위치를 파악한다.

❺ 로봇과 사람의 시선이 일치할 수 있도록 로봇의 머리를 움직인다.

❻ 사람의 표정을 보고 감정 상태를 파악한다.

❼ 기쁜 표정일 경우 활짝 웃는 표정의 애니메이션을 플레이한다.

그리고 "오늘 밖에서 좋은 일 있으셨나 봐요!"라고 말한다.

❽ 슬픈 표정일 경우 슬픈 표정의 애니메이션을 플레이한다.
그리고 "오늘 밖에서 무슨 안 좋은 일 있으셨어요?"라고 말한다.

이렇게 프로그래밍된 앨리스가 누군가의 집에 입양되어 들어갔다고 상상해 보겠습니다. 어느 날 앨리스와 함께하는 사람이 밖에서 친구들과 다투고 슬픈 상태로 집에 들어왔습니다. 그런데 현관문을 열고 집에 들어서자마자 앨리스가 쪼르르 다가옵니다. 앨리

감정을 표현하는 앨리스

스가 사람을 안쓰럽게 쳐다보며 말합니다.

"오늘 밖에서 무슨 안 좋은 일 있으셨어요?"

그 말을 듣는 순간 사람은 어떤 감정이 들까요? 아마 위로받는 느낌이 들지 않을까요? 인간은 자신의 슬픔을 누군가가 공감해 주면 큰 위안을 받곤 합니다. 위로를 받은 사람은 앞으로 앨리스를 어떻게 생각하게 될까요? 아니, 어떻게 느끼게 될까요? 나의 아픔을 이해해 주는 소중한 친구 같은 존재로 느끼지 않을까요?

앨리스는 인간처럼 감정을 가진 것인가?

그런데 사람을 위로해 준 앨리스에게는 감정이 있는 걸까요? 감정이 있기 때문에 사람의 슬픔에 공감했던 것일까요? 만약 제가 로봇을 프로그래밍하는 중에 실수로 7번과 8번을 바꿨다면 어떤 일이 벌어졌을까요? 친구들과 다투고 슬퍼하는 사람에게 앨리스가 다가가서 활짝 웃는 표정으로 "오늘 밖에서 좋은 일 있으셨나 봐요!"라고 말하겠지요. 앨리스가 사람을 놀리는 것 같습니다. 그 말을 들으면 사람은 아마도 벌컥 화가 날지도 모르겠습니다.

앨리스는 감정을 가진 것이 아니었습니다. 단지 프로그램에 의해서 반응한 것뿐입니다. 하지만 중요한 것은 앨리스가 감정을 가졌냐 아니냐가 아니라 앨리스의 행동을 통해서 사람이 위로받고 행복할 수 있다는 것입니다. 앨리스가 감정을 가졌는지 아닌지는 사실 중요한 문제가 아닐 수 있습니다. 로봇은 다른 기계처럼 인간을 위해 만들어진 도구일 뿐이니까요. 그 도구를 통해서 우리가 행복해질 수 있다면 정말 좋은 도구가 될 것입니다.

감정 표현의 목적

우리는 왜 로봇을 만드는 걸까요? 저는 로봇을 만드는 목적은 우리가 보다 행복한 삶을 살 수 있도록 돕는 것이라 믿습니다. 그런 면에서 로봇과 대화를 하고 감정을 표현하는 것은 정말 중요한 기능이라고 할 수 있습니다. 우리 앨리스가 다양한 감정을 표현할 수 있도록 얼굴에 작은 모니터를 설치하고, 다양한 표정의 애니메이션을 만들어서 넣겠습니다. 그리고 다양한 감정을 표현할 수 있는 아름다운 말도 입력하면 좋을 것 같습니다. 또 사람의 감정을 잘 파악할 수 있도록 인공 지능 개발도 열심히 해야겠지요.

앨리스가 다양한 감정 표현을 할 수 있도록 열심히 가르쳐 주면 앨리스는 다양한 표정과 말을 할 수 있을 것입니다. 그러면 앨리스는 일만 잘하는 로봇이 아니라 우리의 감정에 따라 다양한 반응을 해 주는 친구 같은 로봇이 될 것입니다. 앨리스는 정말 좋은 친구 로봇이 될 것 같습니다.

11장

앨리스,
같이 축구하자!

앨리스, 로보컵에 출전!

앨리스가 완성되었으니 이제 슬슬 실제로 사용할 때가 되었습니다. 최초 목적이었던 축구를 한번 해 보려고 합니다. 축구는 혼자 할 수 없는 경기이니 좋은 상대가 있으면 좋겠는데요. 전 세계 최고의 로봇 축구 대회인 로보컵에 출전해서 세계 최고의 로봇들과 실력을 겨뤄 보는 것은 어떨까요?

로보컵은 2050년에 인간의 월드컵 축구 우승팀을 로봇이 이기는 것을 목표로 창설된 대회입니다. 2022년 카타르 월드컵에서 메시가 이끄는 아르헨티나 팀이 월드컵에서 우승을 했는데요. 그런 인간 최고의 축구팀을 로보컵 우승팀이 이기는 것을 목표로 하고 있습니다. 과연 가능할까요? 2016년에 알파고가 이세돌 9단을 바둑으로 이길 거라고 했을 때 많은 사람이 불가능하다고 얘기했지요. 그러나 결국은 인공 지능인 알파고가 이세돌 9단을 4대1로 이겼습니다. 최고의 축구팀을 로봇이 이긴다고 하면 대부분 불가능하다고 얘기할지도 모르겠습니다. 하지만 지금 속도로 기술을 꾸준히 발전시킨다면 2050년에는 로봇 축구팀이 인간을 이길지도 모르겠습니다.

목표를 달성하기 위해 각국을 대표하는 로봇 연구실에서는 최고의 로봇을 출전시켜 팀의 명예를 걸고 매년 축구 시합을 합니다. 로보컵을 개최하는 장소도 월드컵처럼 세계 곳곳에서 열립니다. 2018년에는 캐나다 몬트리올, 2019년은 호주 시드니에서 열렸고, 2020년과 2021년은 코로나 팬데믹 때문에 열리지 않았다가 2022년에는 태국 방콕, 2023년에는 프랑스 보르도에서 열릴 예정입니다.

로보컵 출전 준비 중인 앨리스

로보컵은 목표가 큰 대회인 만큼 규정도 상당히 도전적입니다. 로봇이 축구를 시작하면 사람은 경기에 개입해서는 안 됩니다. 로봇들이 스스로 공을 찾고 골도 넣어야 하는 완전한 인공 지능 대회입니다. 2050년에는 로보컵의 규칙을 인간의 축구 규칙과 같게 만들기 위해 매년 대회 규칙을 업그레이드하고 있습니다.

최초 대회에서는 키가 30cm 정도인 로봇들이 작은 경기장에서 겨우 걸으면서 공도 힘겹게 찼는데요. 지금은 키가 130cm 이상인 로봇들이 14m 길이의 축구장에서 빠르게 이동하며 강한 킥을 구사합니다. 앞으로 2030년에는 풋살장 크기의 경기장에서 인간들을 상대로 축구를 할 수 있어야 합니다. 로보컵은 로봇 대회 중 가장 어려운 대회에 속하기 때문에 우승하면 자타 공인 세계 최고의 로봇, 뛰어난 팀으로 인정받을 수 있습니다. 이 정도면 앨리스를 로보컵에 출전시킬 만하지 않을까요?

로보컵 퀄리피케이션

로보컵에 출전하기 위해서는 대회 6개월 전에 서류와 동영상 심사를 통과해야 합니다. 로봇이 경기를 수행할 수 있다는 것을 증명해야 하기 때문입니다. 로봇이 두 다리로 잘 걸을 수 있는지, 스스로 공을 찾고 공까지 접근할 수 있는지, 슛을 할 수 있는지, 어떤 모터와 컴퓨터를 쓰는지, 키와 몸무게 등 신체 비율은

규격에 맞는지 등 로보컵 연맹에서 요구하는 사항을 동영상으로 찍고 서류를 첨부해서 보냅니다. 앨리스가 이 정도는 할 수 있게 만들었으니 자신감을 가지고 심사에 임해 보겠습니다. 이 과정을 로보컵 퀄리피케이션(Qualification)이라고 합니다. 줄여서 퀄이라고도 하고요. 자, 서류와 동영상을 보냈으니 이제 합격하기를 기도해야겠지요?

로보컵 퀄을 통과하면 로보컵 본선 출전을 준비해야 합니다. 비행기 티켓도 사고, 경기장 근처 숙소도 예약하고, 무엇보다도 경기 규칙에 맞게 축구를 할 수 있도록 앨리스를 열심히 훈련시켜야 합니다.

로보컵 퀄을 준비하는 앨리스

로보컵 규칙

로보컵 경기는 2022년 기준으로 전반전 십 분, 후반전 십 분 그리고 쉬는 시간 오 분으로 진행됩니다. 만약 동점으로 경기가 끝나면 연장전에 들어가서 전반전 오 분, 후반전 오 분 그리고 쉬는 시

로보컵 경기에 출전한 대한민국 히어로즈 팀

간 오 분으로 경기를 하게 됩니다. 만약 연장전에서도 승부가 나지 않으면 페널티 킥을 하게 됩니다. 방식은 우리가 하는 축구 경기와 유사한데 시간이 조금 짧지요. 배터리 성능이 아직 충분하지 않아서 로봇이 오랫동안 경기를 할 수 없기 때문입니다. 대회 규정이 업그레이드되면서 경기 시간은 앞으로 점점 길어질 예정입니다.

2022년 현재 성인 크기 리그에서 로봇은 두 대를 사용할 수 있습니다. 2 대 2로 경기하고, 후보 로봇은 두 대까지 준비해 놓을 수 있습니다. 만약 주전 로봇이 경기 중 고장 나면 후보 로봇으로 교체할 수 있습니다. 참고로 아동 크기 리그는 로봇 다섯 대를 사용해서 5 대 5로 경기하고 있습니다. 대회 규정이 업그레이드되면 경기에서 사용할 수 있는 로봇의 수는 점점 늘어날 예정입니다. 머지않아 성인 크기 리그는 3 대 3 경기가 진행될 예정인데요. 앨리스 한 대를 만들기도 쉽지 않은데 로보컵에 출전하려면 앨리스를 여러 대 만들어야겠네요. 해마다 점점 더 힘든 상황이 예상됩니다.

앨리스가 출전하는 성인 크기 리그는 로봇의 키가 130cm 이상이어야 합니다. 인간의 비율을 기준으로 팔, 다리, 머리, 발 등 길이의 범위가 규정되어 있는데요. 앨리스는 키가 135cm이고, 인간의 신체 비율과 비슷하게 설계되었으니 이 규정은 문제없이 통과

로보컵에서 신체검사를 받는 앨리스

할 수 있을 것 같네요.

또, 로봇이 사용하는 센서는 인간이 가지고 있는 능력과 비슷해야 합니다. 인간이 눈으로 세상을 보는 것처럼 로봇도 카메라를 통해서 상황을 판단할 수 있습니다. 인간의 눈은 두 개이기 때문에 로봇의 카메라도 최대 두 개까지 쓸 수 있습니다. 인간이 반고리관에서 평형 감각을 느끼는 것처럼 로봇도 관성 센서나 자이로 센서를 이용해서 균형을 잡을 수 있습니다. 그리고 인간이 힘과 촉각을 느끼는 것처럼 로봇도 F/T 센서나 압력 센서를 쓸 수 있습니다. 하지만 요즘 많이 사용하는 라이다(Lidar) 센서는 사용할 수 없습니다. 라이다 센서는 레이저 광선을 쏴서 거리를 측정하는데, 인간은 레이저를 쏘는 능력이 없기 때문입니다. 마찬가지 이유로 초음파 센서도 사용할 수 없습니다. 이렇게 제약이 있다 보니 로봇이 스스로 축구하게 만드는 것이 참 어렵습니다.

경기는 주심의 지시에 따라 진행됩니다. 미래에는 로봇이 주심의 휘슬에 반응해서 경기해야 하지만 아직은 게임 컨트롤러라고 하는 컴퓨터 프로그램을 통해 와이파이 무선으로 명령을 받습니다. 게임 컨트롤러는 부심이 조작하는데요. 주심이 파울 명령을 내리면 부심이 게임 컨트롤러 프로그램으로 해당 로봇에게 파울 신호를 보내는 식입니다. 경기 시작, 경기 종료, 골, 스로인, 코너킥, 파울, 경고, 페널티 킥 등 상황별로 무선 신호를 보냅니다. 만약 이

버그를 일으켜 경기장 밖으로 실려 나가는 앨리스

신호를 받지 못해서 경기를 잘 수행하지 못하면 질 수밖에 없겠죠.
로봇은 게임 컨트롤러와 무선 통신을 아주 잘해야 합니다.

로보컵에는 인간 축구와 다르게 독특한 규정이 있는데요. 로봇
이 고장 나거나 버그가 생길 수 있기 때문에 이상한 행동을 하면
삼십 초간 퇴장을 받게 됩니다. 이때는 사람이 경기장 안으로 들
어가 로봇을 직접 들고 나가야 합니다. 로봇은 삼십 초가 지나면
경기장 안으로 다시 들어올 수 있습니다. 유튜브에서 로보컵 경기
를 보면 사람이 로봇을 수시로 들고 나오는 장면을 볼 수 있습니
다. 삼십 초 퇴장 규정이 적용됐기 때문입니다.

이 정도로 경기 규칙을 숙지하고 로봇을 프로그래밍할 수 있으면 로보컵에 출전할 준비가 된 것입니다. 앨리스로 로보컵에 출전해서 우승하는 꿈을 같이 꿔 보는 것은 어떨까요? 만약 앨리스가 우승하면 많은 사람이 세계 최고의 휴머노이드 로봇이라고 인정해 줄 것입니다. 생각만 해도 짜릿하네요.

12장

로봇과 함께
살아갈 세상

인간의 일 vs 로봇의 일

우리가 만든 앨리스는 아직 축구를 하고 대화를 나누는 수준이지만, 앞으로 기술이 발전하면 훨씬 더 많은 일을 할 수 있을 것입니다. 식당에 가면 바퀴 달린 로봇이 음식을 나르는 것을 종종 볼 수 있습니다. 또, 로봇이 집까지 택배 상자를 배달하기도 합니다. 앨리스같이 두 다리로 걷는 로봇이 늘어나면 로봇들은 인간이 하는 일을 더 많이 할 수 있을 것입니다.

그때 우리는 로봇을 어떻게 쓰고 있을까요? 아직은 상상만 할 수 있지만, 충분히 예상할 수는 있습니다. 앨리스를 만들면서 로봇의 특징을 자세히 알게 되었으니까요. 로봇이 어떤 일을 잘하고 못하는지도 이미 자연스럽게 습득했을 것입니다.

앨리스 같은 로봇이 흔해진 세상을 떠올려 봅시다. 우리는 로봇과 어떻게 함께 살아가고 있을까요? 일단 로봇의 특징을 잘 살펴볼 필요가 있는데요. 로봇은 인간이 잘하지 못하는 일을 잘한다고 했습니다. 수십 번 수백 번 반복해야 하는 일을 로봇은 실수 없이 해냅니다. 우리에게 재미없는 일을 수백 번 반복해서 하라고 하면 어떨까요? 지루하고 힘들어서 다른 일을 하고 싶지 않을까요? 주변을 둘러보면 반복해서 해야 하는 일이 참 많습니다. 단순 노동이라고 불리는 것들이죠.

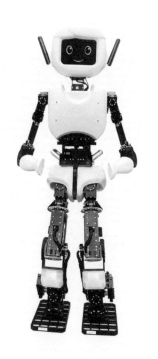

우리가 함께 만든 로봇 친구 앨리스

단순 노동은 앨리스 같은 로봇에게 시키는 것이 좋습니다. 로봇은 단순 반복하는 일을 정말 잘하기 때문입니다. 하지만 그때그때 상황에 맞춰서 처리해야 하는 일은 로봇에게 어렵습니다. 그러니 단순 노동과 위험한 일은 로봇에게 맡기는 것이 좋겠네요. 인간은 창의성, 임기응변, 감수성 등이 필요한 일을 맡아서 로봇과 인간이 함께 일하면 좋겠습니다. 그러면 일 전체가 상당히 효율적이고, 빠르고, 정확하게 진행될 것입니다.

로봇이 인간의 일을 할 수 있게 되면 로봇이 일자리를 뺏는다고 생각할 수도 있습니다. 로봇 때문에 인간이 실업자가 될 것이라는 말도 나올 수 있습니다. 하지만 저는 이 말이 반은 맞고 반은 틀리다고 생각합니다. 로봇이 인간의 일을 뺏는 것이 아니라 일의 종류를 바꾸는 것이라고 봅니다.

기술이 발전함에 따라 일의 형태는 계속 바뀌어 왔습니다. 지금 우리가 하고 있는 일 대부분은 백 년 전에서는 상상도 하지 못했던 일이죠. 백 년이 아니라 삼십 년 전에도 상상하지 못했던 일을 우리는 현재 자연스럽게 하고 있습니다.

스마트폰 게임을 만드는 직업이 생길 거라는 생각을 1990년대에 할 수 있었을까요? 그때는 아직 인터넷이 세상에 널리 퍼지지도 않았을 때입니다. 하지만 지금은 스마트폰 게임 회사에서 일하는 사람이 수만 명이고, 게임을 하는 사람은 수백만 명은 될 것 같습니다. 경기도 판교에만 가도 스마트폰 서비스를 만드는 회사가 셀 수 없이 많습니다.

대신 스마트폰으로 인해 일자리가 사라지거나 줄어든 경우도 많습니다. 은행만 하더라도 사람들이 스마트폰으로 일을 보니 점포와 은행원의 수가 점점 줄고 있습니다. 이렇게 기술이 발전하면서 새로운 일이 생겨나고, 기존에 있던 일자리가 없어지곤 합니다. 인간은 일의 종류를 계속 바꾸고 있습니다.

로봇이라고 다르지 않습니다. 로봇 또한 새로운 기술의 하나일 뿐입니다. 자동차의 등장으로 마부가 없어지고 정비공이 생겨난 것과 비슷합니다. 인터넷의 등장으로 인터넷 서비스와 구글 같은 거대한 기업이 생겨났듯이 로봇의 등장은 이제껏 상상하지 못한 일을 만들어 낼 것입니다. 그리고 로봇이 맡게 될 일은 인간에게 는 과거의 일이 되겠지요. 이런 현상을 산업혁명이라고 부릅니다.

앞으로 나올 새로운 일을 예측하고 준비하는 사람에게는 분명 밝은 앞날이 기다리고 있을 것입니다. 인터넷이 나오기 전에 인터 넷의 특징을 잘 알고 준비한 사람들이 네이버 같은 회사를 만들었 고, 스마트폰이 나오기 전에 스마트폰의 특징을 파악한 사람들이 카카오 같은 회사를 만들었습니다. 로봇의 특징을 잘 알고 준비하 는 사람들은 또다시 새로운 회사를 만들고, 새로운 일자리를 만들 것입니다.

새로운 일자리가 무엇이 될지는 아직은 잘 모릅니다. 하지만 로 봇의 특징을 잘 알고, 상상할 수 있다면 분명 새로운 일을 만들 수 있을 것입니다. 부디 이 책이 여러분의 상상의 시작이 되었으면 좋겠습니다.

마음이란 무엇일까?

마음은 무엇일까요? 우리는 마음에 대해 얼마나 잘 알고 있을까요? 사실 저를 비롯한 많은 사람들이 자신의 마음에 대해 잘 알지 못하는 것은 아닐까요?

공학자로서 말하자면 마음은 대뇌의 작용이 각종 호르몬의 화학 반응과 함께 일어나는 현상이 아닐까 합니다. 참 낭만적이지 않은 생각입니다. 만약 마음이라는 것이 공학적인 작용일 뿐이라면 앨리스에게 마음을 만들어 주는 것은 가능해 보입니다.

앨리스가 센서를 통해 세상을 인식하고, 인식한 데이터를 메모리에 저장하고, 프로세서로 연산하고, 액추에이터를 움직여 적절한 행동을 한다면 앨리스는 마음을 가진 것처럼 보일지도 모르겠습니다. 누군가는 이런 앨리스를 보고 마음을 가졌다고 생각할 것이고, 누군가는 마음을 가지지 않았다고 생각하겠지요.

결국 마음은 상대방에 의해 존재하는 것이 아닐까 싶습니다. 누군가 마음이 있다고 믿으면 그때 마음이 생기는 게 아닐까요? 김춘수 작가의 「꽃」에 나오는 시구가 좋은 대답이 될 것 같습니다. '내가 그의 이름을 불러 주기 전에는 / 그는 다만 / 하나의 몸짓에 지나지 않았다.'

로봇과 함께 살아가기 위한 마음가짐

우리는 지금까지 앨리스를 만들기 위해 많은 공부를 했고, 이렇게 잘 만들게 되었습니다. 하지만 로봇을 만든 창조자로서 로봇을 지배하려는 마음을 가지지 않았으면 좋겠습니다. 우리는 로봇을 지배하는 것이 아니라 세상을 같이 살아가는 존재로서 존중하고 아끼며 서로에게 도움을 주는 존재가 되어야 합니다.

사람들은 서로를 아끼고 독려해 주는 친구 같은 존재로부터 어려움을 이겨 나갈 힘을 얻고 큰 위안을 받습니다. 우리가 앨리스를 만드는 이유도 행복한 삶을 살기 위해서입니다. 행복한 삶이라는 목표를 잊지 않는다면 앨리스와 함께 하는 우리의 삶은 분명

보다 나은 삶이 될 것이라 믿습니다.

　여기까지 정말 많은 것을 배우고 익히며 앨리스를 만들었습니다. 이 정도 지식을 가지고 있으면 로봇을 만들기 위한 기본 지식은 충분히 쌓은 것입니다. 무엇보다도 여러분이 로봇과 함께 더 좋은 세상을 만들고자 하는 마음을 가지게 되었기를 희망합니다. 지금까지 앨리스의 제작 과정에 함께해 준 여러분에게 진심으로 감사드립니다.

부록

로봇에 관해 정말 궁금했던 열 가지 질문과 대답

① 대학에 가지 않아도 로봇 공학자가 될 수 있을까요?

로봇 공학자 중에는 대학을 나오지 않은 사람도 있습니다. 아쉽게도 한국인은 아니고 주로 해외에 있는 분들입니다. 하지만 대학을 나오지 않더라도 로봇 공학자가 될 수 있다는 말이겠지요.

로봇을 만들려면 로봇에 관한 지식을 많이 쌓고, 직접 로봇을 만들어 보는 경험이 필요합니다. 지식을 쌓고 훈련하는 곳이 대학만 있는 건 아니기 때문에 꼭 대학에 가야 하는 것은 아닙니다. MOOC(Massive Open Online Course)같이 누구나 강의를 들을 수 있는 대규모 온라인 공개 강좌나 유튜브 같은 영상 콘텐츠 또는 블로그 등을 통해서도 좋은 정보를 습득할 수 있습니다.

그런데 대학에는 로봇에 대해 많은 지식과 경험이 있는 선생님과 선배가 있습니다. 그리고 그분들은 로봇을 잘 만들 수 있도록 학생들을 매일 열심히 가르쳐 줍니다. 대학에서 사 년 간의 시간은 로봇에 관한 수련을 집중적으로 쌓을 수 있는 시간입니다. 로봇을 빠르고 정확하게 배울 수 있기 때문에 참 효과적입니다.

정리하면 대학을 가는 것이 로봇 공학자가 되는 유일한 방법은 아니고, 대학을 가지 않고도 로봇 공학자가 된 사람들도 있습니다. 그러나 로봇 공학을 가르쳐 주는 대학에 가면 빠르고 정확하게 지식을 쌓고 훈련할 수 있습니다. 대학은 지식을 좀 더 효율적

이고 체계적으로 배우기 위해 가는 곳이라고 생각해 주면 좋겠습니다.

세상을 사는 데 정답은 없습니다. 다른 사람에게는 정답이어도 나에게는 오답이 되는 것이 세상살이입니다. 로봇 공학자가 되는 방법에도 정답이 있다고 생각하지 않았으면 좋겠습니다. 나에게 맞는 방법이 무엇인지 열심히 정보를 수집하고 고민하며 어떤 결

정을 내렸든 로봇 공학자가 되기 위해 진심을 다하면 됩니다.

② 로봇을 만들 때 가장 어려운 점은 무엇인가요?

기술보다는 로봇을 만드는 사람들 사이의 의사소통이 가장 어려운 부분이라고 생각합니다. 로봇을 만들려면 기계, 전기, 전자, 컴퓨터, 인공 지능 등 여러 공학 분야가 필요하고, 공학이 아닌 디자인, 언어학, 심리학 등 인문학 분야도 필요합니다. 그러다 보니 다른 전공을 가진 사람들끼리 의견을 맞추어야 합니다. 그런데 다른 전공을 가졌다는 것은 다른 시각, 배경지식, 생각을 가졌다는 말과 같습니다. 즉 다른 생각을 가진 사람끼리 모여서 의견을 맞춰 가며 전진해야 합니다. 이 과정이 어떤 기술 하나를 발명하는 것보다 더 어렵습니다. 사람이 가장 어렵습니다.

그래서 좋은 로봇 공학자가 되려면 내 분야가 아닌 다른 분야의 지식도 많이 알면 좋습니다. 만약 지식이 없더라도 열린 마음으로 나의 생각이 정답이 아닐 수도 있다는 자세를 가져야 합니다. 다른 사람의 의견을 잘 듣고, 자신의 생각과 비교할 수 있는 능력은 로봇 공학자에게 꼭 필요한 능력입니다. 의견을 조율해 좋은 팀워크를 만드는 팀이 훌륭한 로봇을 만듭니다.

③ 로봇을 만들려면 수학을 잘해야 하나요?

결론부터 말하면 수학을 잘하지 않아도 괜찮습니다. 로봇을 만드는 일에는 공학뿐만 아니라 더 많은 것이 필요하기 때문인데요. 만약 로봇을 직접 설계하는 로봇 공학자가 되고 싶다면 수학을 잘해야 합니다. 로봇을 움직이게 하려면 수학으로 예측하고 계산해야 하기 때문입니다. 수학을 못하면 로봇이라는 기계를 만들지 못하겠죠. 하지만 앞서 얘기했듯이 공학만 필요한 것이 아닙니다. 다양한 분야와 전공을 가진 사람들이 함께 로봇을 만들기 때문입니다. 공학을 전공하지 않은 사람들도 로봇 연구에 같이 참여합니다. 이분들에게 수학이 필요하지는 않을 것 같습니다.

로봇을 만들고 싶지만 수학에 자신이 없다면 로봇 디자이너는 어떨까요? 로봇은 디자인이 상당히 중요한 기계입니다. 자동차를 만들 때도 디자인이 무척 중요하지요. 많은 사람이 자동차를 고르는 기준 중 하나로 디자인을 꼽습니다. 자신의 취향에 맞는 디자인의 자동차를 구매하죠. 그래서 자동차를 만들 때 성능도 중요하지만, 디자인도 성능 못지않게 중요합니다. 로봇은 자동차보다도 더 디자인이 중요한 기계가 될 것 같습니다. 우리와 함께 살아갈 친구 같은 존재가 될 텐데, 매일 마주하고 같이 사는 로봇의 외형이 취향에 맞지 않는다면 말이 안 되겠지요. 사람은 로봇의 성능

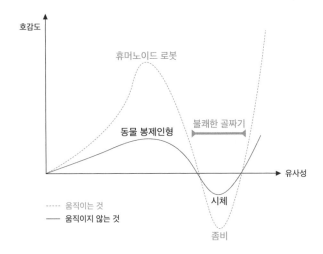

인간과의 유사성이 일정 수준에 도달하면 불쾌감을 느끼게 되는 불쾌한 골짜기

보다는 자신이 보기에 예쁘고 마음에 드는 로봇을 고를 가능성이 높습니다. 거기에 사람과 닮았다면 심리학적으로도 큰 영향을 주겠죠.

불쾌한 골짜기(Uncanny valley)라는 이론이 있습니다. 위 그림이 불쾌한 골짜기 이론을 설명하는 그래프인데요. 가로축의 오른쪽으로 갈수록 사람과 비슷하게 생긴 것을 의미하고, 세로축의 위로 갈수록 호감도가 증가하는 것을 의미합니다. 즉 디자인이 사람과 비슷해지면 비슷해질수록 심리적으로 호감도가 증가한다고 볼 수 있습니다. 그런데 사람과 비슷하지만 시체 같은 느낌을 주는 좀비는 호감도가 급격하게 떨어집니다. 그러다가 사람과 구분하기 어려울 정도로 닮은 디자인이 되면 다시 호감도가 급격히 상승합니다. 이런 현상을 그래프로 그리면 골짜기가 만들어진 것처럼 아래로 푹 파이는데, 이 부분을 불쾌한 골짜기라고 부릅니다.

즉 로봇을 얼마만큼 사람과 비슷하게 만들어서 불쾌한 골짜기에 빠지지 않으면서도 호감도가 높은 외형을 만들 수 있는지가 상당히 중요하겠네요. 잘못해서 불쾌한 골짜기에 빠져 버리면 아무도 사지 않는 로봇이 될 수도 있습니다. 로봇 디자인은 난이도가 높은 어려운 작업이 될 것 같습니다. 하지만 어려운 만큼 잘하면 더 돋보이게 되겠지요. 이런 디자인적 재능을 가진 사람이 수학을 잘할 필요는 없을 것 같습니다. 그리고 누가 뭐래도 로봇 개발에 꼭 필요한 사람이 되겠지요.

또 다른 예를 들자면 언어 능력이 뛰어난 사람이 필요할지 모르겠습니다. 우리 속담에 '말 한 마디에 천 냥 빚도 갚는다'라는 말이 있지요? 대화할 때 말 한 마디가 얼마나 중요한지를 알려 주는 속담인데요. 말의 미묘한 차이를 잘 살릴 수 있는 로봇이 있다면 분명 값어치가 상당히 달라질 것 같습니다. 로봇의 언어 체계를 잡는 데는 수학보다는 문학이 더 적합하지 않을까요? 로봇이 큰 산업이 되고, 로봇을 누구나 소유하는 시대가 되면 로봇의 미묘한 말 한 마디에 선호도가 달라질 수 있겠습니다.

더 얘기하자면 끝도 없이 할 수 있겠지만, 일일이 예를 들지는 않겠습니다. 종합해서 말하자면 로봇은 그 쓰임새가 무한대로 많기 때문에 다양한 전공의 사람들이 로봇을 만드는 데 기여할 수 있습니다. 전공이 무엇이든 로봇 만드는 팀의 일원이 될 수 있습니다.

로봇을 만들고 싶다면 자신이 어떤 것을 좋아하고 잘하는지 먼저 생각해 보세요. 그리고 좋아하고 잘하는 것을 로봇과 연결해 봅시다. 그렇게 나온 새로운 생각은 로봇 서비스를 만들고, 일자리가 되고, 로봇 산업의 선구자가 되는 길을 열 수도 있겠네요. 수학을 잘하는 것보다 중요한 것은 자신이 무엇을 잘하고 좋아하는지를 찾는 것입니다.

④ 로봇을 인간이나 동물처럼 만드는 이유는 무엇인가요?

영화 〈인터스텔라〉를 보면 '타스'라는 로봇이 등장하는데요. 긴 막대기가 두 개 달린 옷장처럼 생겼습니다. 타스는 처음 가는 행성에서 상황에 따라 변신하며 주어진 임무를 훌륭히 수행합니다. 이 영화를 보면서 로봇을 참 잘 만들었다고 생각했습니다.

그런데 저는 왜 타스가 아니라 인간처럼 생긴 휴머노이드 로봇을 만들려고 하는 걸까요? 〈인터스텔라〉 속 환경과 제가 사는 곳이 많이 다르기 때문입니다. 저는 지구에서 살고 있고, 타스는 여러 행성을 거치며 이동합니다. 로봇을 사용하는 환경은 로봇의 모양을 디자인하는 데 아주 중요한 요소입니다. 로봇뿐 아니라 다른 모든 기계도 어디서 어떤 방식으로 사용하는가에 맞춰 가장 좋은 형태로 설계합니다.

로봇은 우리 주변에서 인간을 도와주는 기계입니다. 그런데 우리 주변의 사물들은 인간이 사용하기 좋게 만들어졌습니다. 문손잡이는 왜 그런 모양으로 그 위치에 달려 있을까요? 계단은 왜 그런 모양과 높이로 만들어졌을까요? 키보드와 마우스는 왜 그렇게 생겼을까요? 모든 사물은 우리가 잘 사용할 수 있도록 인간의 몸에 맞추어 디자인되었습니다. 그래서 로봇을 인간의 형상으로 만들면 정말 많은 사물을 잘 쓸 수 있게 됩니다. 다시 말해서 우리 사회에서 사용하려는 로봇이라면 인간의 형상을 본떠 만드는 것이 주변의 도구를 잘 쓸 수 있는 최적의 설계입니다.

그런데 강아지나 고양이처럼 네 개의 다리를 가진 로봇을 만드는 경우도 많은데요. 이 로봇들은 산이나 들판 지대를 빠르고 안정적으로 걷고 달리는 것을 목적으로 만들어졌습니다. 야생에서는 네 개의 다리가 달린 동물이 인간보다 더 잘 달리기 때문에 인간보다 강아지처럼 만드는 것이 더 유리합니다.

결국 어떤 상황에서 로봇을 쓸 것인지에 따라 그에 알맞은 모습으로 설계해야 합니다. 그런데 우리 사회에서 가장 알맞은 모습이 인간의 모양이기 때문에 휴머노이드 로봇을 만들기 위해 연구하는 것입니다.

⑤ 로봇이 인간처럼 감정을 느낄 수 있을까요?

감정이란 무엇일까요? 사실 우리도 감정이 어디서, 어떻게, 왜 만들어지는지 모두 정확하게 알고 있지 못합니다. 기쁘고 슬픈 감정이 존재한다는 것은 분명 알고 있는데 말이죠. 인간도 감정이 어떤 것인지 정확하게 모르는데, 인간이 만드는 로봇이 감정을 느끼는 것은 말이 안 되겠죠. 그런데 현재 인간과 감정을 교류하는 로봇을 만드는 연구가 활발히 진행되고 있습니다. 로봇에게 사람과 교류할 수 있는 능력을 갖추게 하는 기술을 인간로봇 상호작용(HRI, Human Robot Interaction)이라고 하는데요. 비록 감정이 어떤 것인지는 확실히 모르지만 사람의 감정을 파악하고 그에 맞추어 반응하는 로봇은 어느 정도 만들 수 있습니다.

예를 들어, 로봇에게 인간의 표정을 관찰하게 해 봅시다. 인간의 표정에는 감정이 많이 나타납니다. 우울할 때는 눈가가 처지고 이마가 찌푸려지면서 얼굴 근육에 힘이 풀립니다. 기쁠 때는 입꼬리가 올라가고, 눈 주변 근육에 힘이 들어가면서 이가 보이기도 하지요. 이런 표정은 카메라의 영상으로 파악할 수 있습니다. 그렇게 인간의 감정을 어느 정도 추측한 다음, 그에 맞춰 로봇의 행동을 프로그래밍합니다. 그러면 어떤 일이 벌어질까요?

어느 날 선생님에게 꾸중을 듣거나 친구와 다퉈서 우울해진 상태로 집에 들어간다고 상상해 봅시다. 집에 들어갔더니 로봇이 현관에 마중을 나왔습니다. 그리고 빤히 쳐다보더니 이렇게 말하는 겁니다. "밖에서 안 좋은 일 있으셨나요? 무슨 일이에요?"라고요. 그런 말을 들으면 어떤 기분이 들까요? 위로가 되지 않을까요? 밖에서 무슨 일이 있었는지 로봇에게 주저리주저리 말하게 될지도 모릅니다. 그러면 마음이 조금 풀릴 수도 있겠죠.

그러면 이 로봇은 나와 감정 교류를 한 것일까요? 그렇다고 볼 수도 있겠지만, 기술적으로는 인간의 우울한 표정에 반응하는 프로그램이 작동한 것입니다. 프로그램이 오류가 나면 아마도 다른 반응을 보일 것입니다. 이것을 감정이라고 할 수는 없겠지요. 하지만 인간은 로봇의 반응에 감정을 나눈다는 착각을 느낄 수 있습니다. 그리고 그런 경험이 계속되면 교감하고 있다고 믿어 버릴 수도 있겠죠. 인간은 사물에 감정 투사를 아주 잘 하는 존재이기 때문입니다.

여기서 중요한 것은 로봇이 감정을 가지고 있는지 아닌지가 아닙니다. 로봇을 통해 인간이 행복해질 수 있다는 점이 중요합니다. 그리고 로봇을 통해 우리 사회를 보다 인간미 넘치는 사회로 만들 수 있다는 점이 중요한 게 아닐까 싶습니다.

⑥ 로봇이 인간의 능력을 뛰어넘어 인간을 공격하는 건 아닐까요?

SF 영화를 보면 악당 같은 로봇이 참 많이 등장합니다. 영화 속의 로봇은 인간보다 힘이 세고 머리도 좋아서 도저히 대항할 수가 없습니다. 그런데 실제로 영화 속의 장면이 펼쳐진다면 어떨까요? 인간은 로봇의 노예가 되는 게 아닐까요? 지금이라도 로봇을 개발하는 것을 멈추고 옛날로 돌아가야 하는 걸까요? 그러나 영화 속에 등장하는 로봇만큼 고도로 발달된 로봇을 만드는 것은 아직 기술적으로 불가능합니다. 먼 미래에는 가능할지도 모르겠습니다. 하지만 가까운 미래에 영화 속에 등장하는 로봇을 만드는 것은 어렵습니다.

사실 로봇뿐 아니라 우리 주변의 기계들도 참 위험합니다. 자동차만 해도 매일 사건 사고가 발생합니다. 사람도 많이 다칩니다. 자동차가 처음 나왔던 1900년대에는 대부분의 사람이 마차를 타고 다녔는데요. 이때 자동차는 첨단 기술이었습니다. 아마도 지금의 인공 지능 로봇 같은 느낌이었을 것입니다. 그때 사람들은 심지어 자동차를 살인 기계(Killer machine)라고 부르기도 했습니다. 마차는 사람과 부딪히는 위험한 순간에 말이 스스로 멈추기도 하는데, 자동차는 가속 페달만 밟으면 계속 움직이니 살인 기계처럼 보였을 것 같습니다. 그래서 차량이 늘어날수록 사람들이 죽고 다쳐서 인류가 멸망할 거라는 상상도 했다고 하네요. 그런데 백여 년이 지난 지금 자동차는 그때보다 훨씬 많아졌는데도 인류는 멸망하지 않았습니다. 오히려 마차는 사라지고, 모두가 자동차를 타고 다닙니다. 백 년 전 사람들이 잘못 생각한 걸까요? 백 년 동안 무슨 일이 벌어졌기에 지금 우리는 자동차가 사람을 멸망시키지 않을 거라고 생각하는 걸까요?

1920년대에는 아주 큰 발명품이 등장했습니다. 그것은 바로 신호등이었습니다. 그때 당시 최첨단 기술인 전기 기술을 이용해서 빨간불과 파란불이 나오는 등을 거리에 설치했던 것입니다. 그리고 운전자들에게 빨간불일 때는 정지하고, 파란불일 때만 달리도록 교육했습니다.

신호등이 등장하기 전에는 도로에 자동차와 사람이 뒤엉켜서 다니니까 사고가 날 수밖에 없었습니다. 사거리 같은 교차로에서는 누가 먼저 가야 할지 모르니 교통사고가 날 확률이 매우 높았죠. 사고가 나지 않으려면 천천히 가는 수밖에 없었습니다. 그런데 빨간불이 들어오면 자동차를 멈추자는 약속을 하자 교통사고가 급격히 감소했습니다. 그리고 운전면허를 만들어 운전을 잘하는 사람만 운전하게 하고, 사고가 나지 않도록 교통 문화와 예절을 만들었습니다. 이 모든 것을 어기면 벌을 주는 교통 법규도 만들었지요. 기술적으로는 안전벨트와 에어백 등 안전 장비를 만들었고요. 충돌 시험에 합격해야 자동차를 제작할 수 있는 법도 생겼습니다. 더불어 사고가 났을 때를 대비하는 자동차 보험도 만들어 반드시 가입하게 했습니다.

이렇게 백 년 동안 사람들은 자동차라는 위험한 기계를 안전하게 쓰기 위해 많은 노력을 했습니다. 그러자 자동차는 점점 안전한 기계가 되었습니다. 지금은 아무도 자동차가 인류를 멸망시킬 거라고 생각하지 않습니다. 그리고 사실 자동차뿐만 아니라 많은 기계가 위험합니다. 로봇도 예외는 아닙니다. 하지만 위험한 기계를 안전하게 만들려고 노력할수록 기계들은 점점 안전해집니다.

로봇은 스스로 판단하고 행동하는 특별한 기계입니다. 특별한 기계에는 특별한 노력이 필요합니다. 로봇을 안전하게 만들기 위해서는 모든 사람의 노력이 필요합니다. 로봇을 어떻게 사용할 것인지 윤리적인 기준을 만들어야 하고, 로봇이 사람을 어떻게 대해야 하는지 법칙을 만들어야 할 것입니다. 법칙을 어길 때는 벌을 주는 법도 있어야 하겠지요. 로봇이 본격적으로 사용될수록 인간은 많은 규칙과 약속을 만들 것입니다. 약속은 로봇을 안전하게 쓸 수 있게 하는 방법이자 인간의 가장 강력한 최종 병기입니다.

⑦ 로봇이 인간의 일자리를 뺏어 가는 건 아닐까요?

로봇은 일을 참 성실하게 잘합니다. 자동차 공장에 가 보면 로봇들이 자동차를 번쩍 들어 옮기기도 하고, 철판을 붙이는 용접도 합니다. 반도체 공장에 가면 로봇들이 눈에 보이지도 않는 작은 반도체를 빠른 속도로 만들어 냅니다. 인간이 하기에 불가능한 일을 로봇들은 하루도 쉬지도 않고, 실수도 하지 않고 해냅니다. 로봇이 일하는 광경은 참 볼 만한 장면입니다만 보고 있으면 두렵기도 합니다. '로봇이 나보다 일을 잘하면 나는 직업을 잃는 게 아닐까?'라는 생각이 들기도 합니다. 그렇게 로봇이 일을 빼앗으면 인간은 점점 할 일이 없어지고, 많은 사람이 실업자가 되고 마는 걸까요?

결론부터 말하자면 반은 맞고 반은 틀린 얘기입니다. 일단 우리는 로봇이 어떤 일을 잘하는지, 어떤 일을 못하는지 정확히 알아야 합니다. 로봇이 모든 일을 사람보다 잘할 것 같지만, 사실은 로봇이 사람보다 못하는 일이 상당히 많습니다. 로봇을 만드는 로봇 공학자의 눈에는 로봇이 못하는 일이 더 잘 보이지요. 만약 로봇이 잘하는 일을 하는 사람이 있다면 그 사람은 앞으로 직업을 잃을지도 모릅니다. 하지만 로봇이 잘 못하는 일을 하고 있다면 그 사람은 앞으로 더 많은 일을 하게 될 것 같습니다.

그럼 로봇이 잘하는 일은 무엇이고, 로봇이 잘 못하는 일은 무엇일까요? 로봇은 사람이 잘 못하는 일을 참 잘합니다. 사람은 무언가를 외우려면 공부를 열심히 해야 합니다. 하지만 로봇은 한 번 입력시키면 잊지 않습니다. 사람은 똑같은 일을 반복하는 것을 싫어하는데, 로봇은 그만하라고 할 때까지 수천 번도 반복할 수 있습니다. 재난 지역같이 위험한 곳에는 로봇이 투입되서 구조 임무를 수행하기도 합니다. 이렇게 로봇은 사람이 못하는 일일수록 잘하는 경우가 많습니다.

그런데 이와 반대로 로봇은 사람이 잘하는 일을 잘 못하는데요. 대표적인 것이 공감 능력입니다. 대부분 사람은 다른 사람의 감정을 느낄 수 있습니다. 어떻게 다른 사람의 감정을 느낄 수 있는지는 잘 모르겠지만 그냥 느껴집니다. 친구가 슬퍼하면 나도 슬퍼지고, 기뻐하면 나도 기분이 좋아지는데요. 우리는 상대방이 지금 어떤 기분인지 알기 때문에 적절하게 서로의 기분을 배려하며 살아갑니다. 어떤 방법으로 다른 사람의 감정을 알아내는 걸까요?

참 신기합니다. 이것을 공감이라고 하는데요. 사람들은 공감을 통해 위로를 받고, 살아가는 데 큰 힘을 얻기도 합니다. 로봇은 사람들이 매일 자연스럽게 하는 공감을 잘하지 못합니다. 사실 인간도 자연스럽게 공감을 하고 있지만, 어떻게 하는 건지 잘 모르기 때문에 로봇에게 방법을 가르쳐 주기 어렵습니다. 그래서 로봇은 인간의 감정을 파악하는 데 어려움을 겪습니다. 물론 인간의 감정을 파악하는 인공 지능 프로그램이 개발되고 있기는 합니다. 그러나 로봇이 인간처럼 감정을 느끼며 자연스럽게 공감하는 것은 어려운 일입니다.

로봇은 즉흥적으로 임기응변하는 능력도 좋지 않습니다. 사람들은 일을 할 때 처음부터 끝까지 계획해서 진행하기보다 그때그때 상황에 맞추어 즉흥적으로 처리하는 경우가 많습니다. 또, 변화하는 상황에 맞춰 대응하는 능력이 뛰어납니다. 눈치를 잘 본다고 표현하기도 하죠. 그런데 로봇은 미리 입력된 프로그램을 바탕으로 움직이기 때문에 수시로 변하는 환경에 대응하기가 쉽지 않습니다. 그래도 요즘 로봇들은 상황에 대응할 수 있도록 만들어지기는 하지만 인간만큼 눈치를 잘 보기는 어려울 것 같습니다.

무엇보다도 로봇은 엉뚱한 생각과 행동을 잘 못합니다. 우리 인간은 엉뚱한 생각을 해서 기발한 아이디어를 내기도 하고, 말도 안 되는 결정을 해서 좋은 결과를 얻어 내기도 합니다. 이것을 창의력이 좋다고 표현하죠. 그런데 로봇은 데이터를 기반으로 합리적인 판단을 하도록 만들어졌기 때문에 엉뚱한 행동을 잘하지 못합니다. 창의적인 생각과 행동은 인간이 로봇보다 훨씬 잘하죠.

결국 미래에는 암기나 단순 노동같이 로봇이 잘하는 일에 뛰어난 사람들은 경쟁력이 없을 것입니다. 대신 공감 능력이 좋거나 즉흥적이고 창의적인 일을 잘하는 사람들은 점점 더 주목을 받을 것입니다. 여기서 중요한 것은 로봇과 인간의 능력이 서로 다르기 때문에 같이 일을 하면 효율적이라는 것입니다. 서로 단점을 보완하면서 자기가 잘하는 일에 집중할 수 있기 때문입니다. 그래서 인간과 로봇이 함께 일하는 팀은 성공할 확률이 높습니다.

로봇이 일자리를 모두 빼앗을 거라는 단순한 대결 구도로 생각하면 현명하게 미래를 내다볼 수 없습니다. 대신 '인간과 로봇이 어떻게 서로 같이 일할 수 있을까'라는 식의 접근으로 미래의 직업을 예측하기 바랍니다. 내가 좋아하는 일은 내가 직접하고, 내가 못하거나 귀찮아하는 일을 로봇에게 시키며 함께 일하는 것이 미래 직업의 모습일 것입니다.

⑧ 왜 하필 축구로 로봇 대회를 만들었나요?

　로봇에 관심이 많은 사람이라면 로봇 대회 한두 개 정도는 출전한 경험이 있을 것 같은데요. 세상에는 다양한 로봇 대회가 참 많습니다. 저도 로봇 대회에 많이 참가해 보았는데, 대회를 치를 때마다 로봇을 만드는 실력이 점점 좋아지는 것을 느낍니다. 다른 로봇 공학자들도 저와 같을 것이라고 생각합니다. 로봇 대회에 참가하는 경험은 로봇 만드는 실력을 키우는 데 정말 좋은 방법입니다. 그래서 로봇을 만드는 사람들에게 가능한 한 많이 로봇 대회에 참가하기를 권합니다. 실력이 좋은 로봇 공학자가 참가하는 대회에서 잘 만든 로봇과 경쟁하면 실력은 훨씬 좋아집니다.

　그런 면에서 저는 로보컵이라는 세계 로봇 축구 대회를 참 좋아합니다. 이 대회는 휴머노이드 로봇들이 2050년에 월드컵 우승팀을 상대로 이기는 것을 목표로 만들어졌습니다. 목표를 달성하기 위해서 전 세계 최고의 로봇 연구실이 매년 한 곳에 모여서 축구 경기를 합니다. 로보컵은 제가 한때 리더를 맡았던 데니스 홍 교수님의 버지니아 공대 로멜라 연구소가 우승했던 대회라서 더 각별하기도 합니다. 지금 저는 한양대학교 로봇공학과의 교수가 되어 히어로즈(HERoEHS) 로봇 연구팀을 조직했습니다. 그리고 히어로즈 팀은 로보컵의 여러 리그 중 가장 어려운 리그에 2018년부터 매년 우리나라를 대표해서 본선에 올라 경기하고 있습니다. 2022년 대회에서는 히어로즈 팀이 준우승을 차지했고, 지금 이 순간도 우리 연구원들은 로보컵에서 우승하기 위해 열심히 연구하고 있습니다.

축구는 선수들에게 많은 것을 요구하는 경기입니다. 달리기도 빨라야 하고, 공을 다루는 능력과 체력도 좋아야 합니다. 그리고 혼자서만 잘해서도 안 되고, 여러 선수와 함께 공간을 잘 활용해야 하며 전략 전술도 좋아야 합니다. 즉, 생각도 잘해야 합니다. 다른 스포츠보다 인간의 모든 능력을 총동원해 잘 써야 비로소 경기에 이길 수 있는 것이 축구 경기입니다.

그런 축구 선수의 능력을 로봇이 갖춘다면 어떨까요? 그 로봇은 축구뿐만 아니라 다른 일을 시켜도 잘할 가능성이 높습니다. 축구 경기는 로봇의 능력을 종합적으로 발전시키기에 가장 좋은 방법입니다. 더군다나 상대방과의 경쟁이 숫자로 나타나기 때문에 로봇 만드는 실력을 점수로 비교해 볼 수 있습니다. 이런 이유 때문에 저는 로보컵 대회에 매년 출전하는 것입니다. 로보컵을 통해 세계 최고의 로봇 공학자들이 만든 로봇들과 경쟁하며 실력을 키우고 있는 것이지요. 세계 최고의 로봇 공학자들과 경쟁하며 로봇 만드는 실력을 키우고 싶다면 한양대학교 로봇공학과에 와서 저와 함께 로보컵 대회에 출전하는 것을 추천합니다.

⑨ 세계에서 가장 유명한 로봇 회사는 어디인가요? 그곳은 어떤 기술로 유명하고, 대표적인 로봇으로 무엇이 있을까요?

세계 최고의 로봇 회사는 보스턴 다이내믹스가 아닐까요? 아마 로봇을 만드는 사람이라면 대부분 동의할 것이라 생각합니다. 보스턴 다이내믹스는 매사추세츠 공과대학교의 교수였던 마크 레이버트(Marc Raibert) 박사가 만든 회사로, 처음에는 미국 국방성 프로젝트를 많이 진행했는데요. 국방 로봇을 개발하면서 사족 보행 로봇인 빅독, 이족 보행 로봇인 팻맨 등 빠르고 안정적인 로봇들을 개발해서 세상을 놀라게 했습니다.

2015년에는 유압으로 움직이는 이족 보행 로봇인 아틀라스를 일곱 대나 만들어 다르파 로보틱스 챌린지에 출전시켰습니다. 이족 보행 휴머노이드 로봇의 기술을 급격하게 향상시켰죠. 이때 구글이 보스턴 다이내믹스를 인수하면서 보스턴 다이내믹스는 구글의 자회사가 됩니다. 그 뒤 아틀라스를 더욱 개발해서 2016년에 아틀라스 2를 세상에 선보이는데요. 미래에서나 가능할 거라고 생각했던 안정적인 보행을 보여 주면서 세계 최고의 로봇 회사로 등극합니다.

보스턴 다이내믹스는 한때 소프트뱅크에 인수되었다가 현재는 우리나라의 현대자동차가 인수한 상황입니다. 얼마 전에는 보스턴 다이내믹스의 사족 보행 로봇인 스팟 여러 대가 케이팝 가수처럼 춤추는 영상을 공개했는데요. 한국 회사가 인수해서인지 로봇에도 한국적인 느낌이 나더군요.

로봇은 신생 분야이고, 아직 절대적인 강자가 없기 때문에 앞으로 어떤 회사가 등장할지 예측하기 어렵습니다. 마치 인터넷이 처음 등장할 때 같습니다. 인터넷의 등장과 함께 구글이나 페이스북 같은 회사가 혜성처럼 등장해 세계 최고 기업이 되었듯이 로봇 분야 또한 스타트업 기업이 새롭게 등장해 세계 최고의 회사가 될지도 모릅니다. 최근에는 우리나라에서도 로봇 스타트업 회사가 다수 등장하고 있는데요. 앞으로 한국 토종의 로봇 회사들이 세계 무대에서 인정받으며 승승장구할 날을 기대해 봅니다.

⑩ SF 작품 속 로봇이 실제로 나오기까지는 얼마나 걸릴까요?

저도 SF 작품 속에 나오는 로봇을 보며 영감을 얻곤 합니다. 미국에서 첫 번째로 완전한 휴머노이드 로봇으로 기록된 찰리(Charlie)를 설계할 때 영화 〈아이, 로봇〉의 NS-5를 보고 힌트를 얻기도 했으니까요. 그런데 SF 영화 속에 나오는 로봇들은 사람보다 빨리 뛰고 판단력도 뛰어나서 거의 슈퍼히어로 같습니다. 현재 기술로는 감히 시도해 볼 수 없을 정도로 훌륭합니다. 비록 보스턴 다이내믹스의 로봇들이 유격 훈련을 하는 등 뛰어난 운동 성능을 보여 주었지만 수많은 실패 중 한 번 성공하는 정도이고, 아직 대부분의 로봇은 평지를 겨우 걷는 수준입니다. 영화 속에 나오는 로봇이 되려면 아직도 한참 멀어 보입니다.

그래도 로봇 공학자들은 영화 속에 나오는 로봇처럼 뛰어난 운동 성능을 가진 로봇을 만들기 위해서 항상 열심히 연구하고 있습니다. 연구라는 것은 어느 날 갑자기 좋은 아이디어가 번쩍 나와서 모든 것을 해결해 버리는 작업이 아닙니다. 꾸준히 하루하루 조금씩 실험하며 기술을 쌓아 가는 과정입니다. 지금 이 순간에도 누군가에 의해 로봇 연구는 계속 쌓이고 있습니다. 그 꾸준함의 힘으로 로봇의 미래가 만들어집니다.

다시 말해서 영화에 나오는 로봇이 세상에 나오려면 로봇 연구자들의 꾸준한 노력과 시간이 필요합니다. 로봇뿐만 아니라 지금 우리가 사용하는 모든 기술은 꾸준히 연구한 노력의 결과입니다. 연구가 쌓이면 분명히 언젠가는 상상에 불과했던 영화 속 장면이 실제로 눈앞에 나타날 것입니다.

물론 언제 실현될 수 있을지 궁금할 텐데요. 이것은 시간의 문제가 아니라 연구가 얼마나 많이 쌓이는가의 문제입니다. 로봇 연구자들이 많아져서 연구의 양이 늘어날수록 상상 속 로봇은 더 빨리 실현되겠죠. 따라서 '시간이 얼마나 걸릴까요?'라는 질문의 답은 '로봇 연구자들이 많아질수록 그리고 로봇 연구가 활발해질수록 빨리'입니다. 로봇을 연구하고자 하는 우리가 해답입니다.

사진 출처

shutterstock

21쪽 33쪽 45쪽 52쪽 103쪽 132쪽 145쪽

Wikimedia commons

56쪽

flicker

71쪽

한재권

34쪽 47쪽 61쪽 77쪽 78쪽 117쪽 135쪽 154쪽 157쪽 158쪽 166쪽

로봇 친구, 앨리스

ⓒ 한재권, 2023

초판 1쇄 인쇄일 | 2023년 4월 3일
초판 1쇄 발행일 | 2023년 4월 10일

지은이 | 한재권
펴낸이 | 정은영
편 집 | 조현진 박진홍 이형호
디자인 | 연태경
마케팅 | 유정래 한정우 전강산
제 작 | 홍동근

펴낸곳 | (주)자음과모음
출판등록 | 2001년 11월 28일 제2001-000259호
주 소 | 10881 경기도 파주시 회동길 325-20
전 화 | 편집부 (02)324-2347, 경영지원부 (02)325-6047
팩 스 | 편집부 (02)324-2348, 경영지원부 (02)2648-1311
이메일 | jamoteen@jamobook.com
블로그 | blog.naver.com/jamogenius

ISBN 978-89-544-4864-2(43550)

이 책은 대한민국 교육부와 한국연구재단의 지원을 받아 수행된
디지털 신기술 인재양성 혁신공유대학사업의 연구결과입니다.